U0201823

森林的奇妙指南

（德）彼得·渥雷本
（Peter Wohlleben）著
黎阳 译

化学工业出版社
· 北 京 ·

Original title: Wohllebens Waldführer: Tiere & Pflanzen bestimmen – das Ökosystem entdecken

北京市版权局著作权合同登记号：01-2022-0871

图书在版编目（CIP）数据

森林的奇妙指南/（德）彼得·渥雷本（Peter Wohlleben）著；黎阳译.—北京：化学工业出版社，2022.6

ISBN 978-7-122-40872-3

Ⅰ.①森… Ⅱ.①彼… ②黎… Ⅲ.①森林植物-普及读物 ②森林动物-普及读物 Ⅳ.①S718.3-49 ②Q95-49

中国版本图书馆CIP数据核字（2022）第034372号

出 品 人：李岩松　　策划编辑：郑叶琳

责任编辑：郑叶琳　张焕强　　装帧设计：溢思视觉设计／张博轩

责任校对：田睿涵

出版发行：化学工业出版社(北京市东城区青年湖南街13号 邮政编码100011)

印　　装：盛大（天津）印刷有限公司

880mm×1230mm 1/32　印张 $11^1/_2$ 字数 478 千字　2022 年9月北京第1版第1次印刷

购书咨询：010-64518888　　售后服务：010-64518899

网　　址：http://www.cip.com.cn

凡购买本书，如有缺损质量问题，本社销售中心负责调换。

定　　价：88.00元

引言

我的森林奇妙指南

中欧的森林是数万种动植物的家园。德国联邦自然保护局（BfN）的数据显示，仅在巴伐利亚州就有480种各类步甲。但哪里是我们此次森林游览的起点，哪里又是终点呢？换种说法来说，在一次森林徒步中我们只能看到一小部分的动植物。一些动植物经常出现，而另一些只能在某些地区或只能在夜间观察到。最让人期待的当然是那些极其罕见的或是拥有花哨“简历”的物种，它们或展现出超乎寻常的行为，或是对森林非常重要。因此我不得不略去其他一些对森林生态系统同样重要的动植物。在进行深入的科学研究时这种情况并不少见。而有一点我们应该明白的是：在中欧仍有许多物种未被发现。在德国本土的森林中，也可以像在亚马孙雨林一样进行丰富的生物研究。

榛子不重要吗？不，恰恰相反，只是在这本书里，它被同样非常频繁出现却不太出名的欧鼠李取代了。

我的决定是，做一个囊括所有的简介。所以，这本书将为你们开启一次发现之旅，在此你们不仅能了解一些常见的物种，还能发掘一些稀有物种。

书中有关于一些植物毒性的提示。出于安全考虑，除非描述中明确指出其可以食用，其他所有物种都不可食用。

在每个物种的描述中，包含其拉丁文名称和所属科名，系统分类是至关重要的。正文内容包含了许多鲜为人知的细节。在“特征”这个小版块的内容中有更详细的描述，常辅以容易混淆的相似物种。在最后一章中，我们将更深入了解森林生态系统，或者说人类对森林生态系统的影响。

看完本书后再亲自去森林里走一走吧，判断一下你们国家的森林是天然的还是经过林业改造的。希望你们会喜欢本书，现在就开启你的发现和惊叹之旅吧！

彼得·渥雷本　致上

目录

001-024

哺乳类

025-061

鸟类

062-077

两栖类和爬行类

078-141

昆虫

142-149

蛛形动物

150-155

蜗牛类

156-169

菌类

170-218

乔木和灌木

219-273

花

274-284

蕨类

312-320

地衣

321-348

藏在森林里的秘密

349-352

中文索引

353-356

拉丁文索引

哺乳类

与家兔相反，
欧洲野兔不打洞

欧洲野兔

拉丁名：*Lepus europaeus* | 兔科

顾名思义，野兔（Feldhase）并不是森林居民[①]。它们喜欢宽阔的草地，可以在那里度过一生。在中欧地区的自然环境中，这样的草原是十分少见的。随着森林的开发，这一状况有所改善。因此，野兔在很多地方被视为人工种植林的产物。农耕土地上没有可作遮蔽的地方，因此遇到危险时，野兔先是俯身贴到地面，然后在最后时刻一跃而起，闪电般飞速逃离。野兔在低洼地中养育其幼崽，因此雨天时有很多野兔因体温过低而死亡。野兔也可在森林里栖息，以树皮和叶芽为食，特别是在冬天。这可能会对树木造成巨大的伤害，特别是还未长成的落叶树。

特征

背部毛发棕色，腹部白色。长耳尖端为黑色，后腿较长。身长约50厘米，体重介于2.5～6.5千克。易与穴兔（*Oryctolagus cuniculus*）混淆，穴兔耳朵明显更短，体型更小且穴居。

① 野兔的德语为“Feldhase”，“Feld”意为田野，因此文中说它不是森林居民。—— 译者注（本书脚注如未加说明，均为译者注。）

夏季毛色棕红的
雌雄狍

狍

拉丁名：*Carpreolus carpreolus* | 鹿科

狍（狍子）是中小型鹿科动物。作为经常在丛林出没的独行生物，它们只在大片平原组成的农耕地区才会成群结队出现。在幼崽出生后最初几周，雌狍会将它们安置在隐蔽处，独自觅食，因此它从不会携带那些不知所措的幼狍。

狍子十分善于隐藏，即便森林中狍子的密度达到每平方千米50只，徒步者也很难发现其踪影。只有当它们受到威胁，发出类似狗叫的“警告声”时，我们才能对其行踪得知一二。

特征

毛发夏季棕红，冬季变棕灰，尾部白色。鲜有体重超过30千克的个体。雄性有小型兽角，冬季脱落。

马鹿

拉丁名：*Cervus elaphus* ｜鹿科

马鹿是真正的平原群居动物。因狩猎活动以及农耕土地日益贫瘠，马鹿渐迁居至丛林。在这里，这些重达150千克的草食动物对大小各类灌木造成了严重的损害。与狍子不同的是，马鹿不但以草类和树木的嫩芽为食，还啃食树皮，这会导致树干受损而无法存活。

马鹿是众多狩猎爱好者梦寐以求的猎物，因此人们常给它们投食。这使其数量近几年来大幅上升。在没有食肉动物的情况下，这一状况很难得到改善。因此狼和狐狸的再次出现让环保人士感到十分欣喜。

特征

与狍子一样，其毛色会随季节而变化，从红棕变棕灰。雄性鹿角会随年龄的增长而越发强健。

一只壮硕的雄性马鹿，雌性马鹿都为之倾倒

被啃食而受损的松树，
将因失去营养而枯萎、折断

黇鹿

拉丁名：*Cervus dama* | 鹿科

黇鹿原本分布于小亚细亚，自17世纪以来，这种可供狩猎的鹿科动物被越来越多地引进到欧洲（虽然大部分是非法的）。直到现在，为了激发狩猎者的兴致，每年依然有众多黇鹿被投放到一些原本只有狍子的猎区。这对森林毫无益处，因为黇鹿常啃食幼树，并撕咬掉老树的树皮。为了让这肆意的破坏活动显得无害，黇鹿被申报为“本土生物”，因而成了自然的组成部分。 谁会反对自然呢？

特征

夏季毛发铁锈红色，带白色斑点，冬季棕灰色，毛色通常不均匀。体形介于狍子与马鹿之间（肩高可达1米）。人们易将其与梅花鹿（*Cervus nippon*）混淆，但成年的雄性梅花鹿没有马鹿那样的铲状鹿角。

与梅花鹿不同，
成年的雄性黇鹿
长着铲状的鹿角

梅花鹿也不是
本地生物

野猪拥有灵敏的
嗅觉和听觉，
在森林里会避开人类

野猪

拉丁名：*Sus scrofa* | 猪科

野猪占据了新闻头条：这些活泼的杂食动物，原本在森林里安家，如今经常出现在我们的家门口，甚至连城市中都有它们的踪迹。或许是因为大片农田种植了玉米，充足的食物供应使其大量繁殖。但更多是因为猎人们的过度投喂，让其数量持续膨胀。野猪喜欢多样化的食物，在啃食完玉米后，它们还会在草丛和田地里捕捉蚯蚓和老鼠。在5月，它们有时也会捕食幼狍。一旦野猪群在森林里逗留较长时间，空气中就会弥漫着一股香味，可持续数小时之久，这味道会让人想到美极酱油。

特征

幼崽毛发呈横条纹状，成年后变为纯棕色，老时变黑灰色。体形与家猪相似，是家猪的原始形态。雄性尖锐的獠牙是它的武器。

狼是社会性很强的
群居动物

狼

学名：*Canis lupus* | 犬科

“狼走到哪里，森林就长到哪里。”——这是俄罗斯的一句谚语。的确是这样的，因为它吓跑了山毛榉和栎树林中的大型食草动物，树苗因不被啃食而得以生长。在这样的森林中，鹿、狍子和野猪就面临着危险，它们无法看到潜伏的狼群，因此常待在森林边缘或林线[①]以上。

许多人在不必要地挑起我们对狼的恐惧。狼是狗的祖先，狼与狗最大的区别在于：狼怕人。但狼却是猎人的竞争者，因此媒体中经常出现非法猎狼的事件。

特征

毛发多为灰色，但也会在棕色和黑色之间变化。体形与大型家犬类似，但前者头更宽，耳朵较小。多毛的尾巴常直直地向后翘。

① 即森林界线，指森林在纬度上或海拔上的分布界限。

这只赤狐或许听到了
老鼠的叫声，
那是它最爱的食物之一

赤狐

拉丁名：*Vulpes vulpes* | 犬科

在猞猁和狼回归欧洲之前，赤狐是这片陆地上最大的食肉动物。但它们同样面临着各种各样的威胁。最残酷的时期是在20世纪70年代，人类用毒气攻击狐穴。然而赤狐却幸存了下来，由此可看出该物种强大的适应能力。如今赤狐在许多城市中定居，偶尔以垃圾为食。有传闻说它们会对少数在地面筑巢的鸟类不利，这或许是在夸大事实：赤狐在野外主要以老鼠和蚯蚓为食。就算在冬天它们也只会捕食小型哺乳动物。赤狐能用大耳朵听见老鼠的声音，然后一跃而起，穿透雪层捉到老鼠。

特征

毛发浅红褐色，腹部白色，尾部粗大且毛发茂密。吠声嘶哑而高昂（像小狗的叫声）。

猞猁需要
50 平方千米以上的
巨大领地

猞猁

拉丁名：*Lynx lynx* | 猫科

和狼一样，猞猁也绝迹了很长一段时间。它主要以狍子为食，平均每年能捕食50只狍子。猞猁也在人类定居点附近捕食绵羊或山羊，所以曾被人类攻击。如今其分布范围几乎包括所有低山区和阿尔卑斯山地区，成为当地的本土生物。然而其数量稀少，濒临灭绝，前景并不乐观。

由于猞猁的分布不如狼广泛，很有效的保护措施是对其进行人工繁育，然后放归野外。居住在森林边缘的养猫人能通过猫得知猞猁的位置：在多数情况下，一旦猞猁在半径几千米范围内活动，小猫就不敢出门了。

特征

毛发红褐色（夏季）至灰褐色（冬季），多带有明显斑点，腹部白色。耳朵有毛束，尾巴粗壮。体形与牧羊犬相似。

是野猫，还是家猫？需要通过基因测定才能最终确定

野猫

学名：*Felis silvesris* | 猫科

野猫濒临灭绝，因为人们认为其捕食狍子和小鹿，是猎人的竞争者，继而被大量捕杀。如今我们知道野猫其实主要以老鼠为食。野猫不易驯服，也很难与家猫杂交。这也是幸运的，不然它早就因为罗马时代大量引种饲养埃及猫科动物（也即德国家猫的原始品种）而灭绝。但在摩泽尔河沿岸的埃菲尔和洪斯吕克，大约400种动物的基因被完整地保留下来，其中包括野猫。通过动物保护以及放归自然等措施，这些珍稀动物的数量有了明显增长。如果在距投放点2千米以外发现一些带有虎纹的动物，几乎可以肯定就是野猫。

特征

幼时皮毛就有虎纹（与家猫相似），成年后呈棕色泛黄。尾部粗壮，有条纹，其末端为黑色。体形比家猫稍大，但二者必须经基因测定才能辨别。

这只狗獾的体重约10千克。它的出现表明生态环境良好

狗獾

拉丁名：*Meles meles* | 鼬科

狗獾是一种夜行动物，非常害羞。其紧凑的体形，让人联想到一只巨大的鼹鼠，这种体形结构是为洞穴而生的。然而，狗獾往往不需要自己挖洞，因为狗獾的洞穴能用几十年，可供几代使用。这些洞穴也常为狐狸占用，有时甚至即使洞穴的另一边还住着洞穴的建造者——狗獾，狐狸也会选择住下来。在20世纪，狐狸因此给狗獾带来了几乎灭顶之灾。为了杀灭狐狸，人们用毒气熏灌狐狸的洞穴，狗獾也因此经常被误杀，致使其数量大幅下跌。由于狗獾需要一个安静且生态结构多样化的林区，因此它的出现往往表明该环境同样适于野猫生存。

特征

背部毛发灰色，腹部黑色。头部白色，两条宽宽的黑色条纹从鼻子、眼睛一直延伸至耳朵。体形普遍矮小而壮实，体重10千克左右。

松貂是熟练的攀登者，主要在树冠觅食

松貂

拉丁名：*Martes martes* | 鼬科

松貂是纯正的森林居民，也是熟练的攀爬高手。即使是光滑的山毛榉树，它也能轻松地爬上去，在树干高处觅食。作为一种偏爱肉食的杂食性动物，松貂喜欢在树洞里捕食幼鸟。大斑啄木鸟的洞穴对松貂来说过于狭窄，黑啄木鸟洞穴的大小则足够。木头导音性极强，因此松貂一旦开始从树干底往上爬，其爪子发出的尖锐声音，便使鸟儿们立刻警觉。因此至少成年的、善于飞行的鸟儿们能成功逃生（或攻击）。

松貂不喜欢汽车，但咬坏电线的罪魁祸首并不是它，而是它城里的近亲石貂。

特征

棕色毛发，咽喉处有淡黄色斑块，尾部毛发茂密（长度大约是其身长的三分之一）。易与石貂（*Martes foina*）混淆，但石貂胸前斑块带分叉。松貂体重介于0.8～1.7千克之间。

外来物种浣熊
不动声色地适应了
本地的自然环境

浣熊

拉丁名：*Procyon lotor* | 浣熊科

根据官方说法，浣熊是20世纪30～40年代从毛皮农场逃出的外来物种。林业局的旧档案显示，为了增加野外猎物的吸引力，也曾有目的地向森林投放浣熊。其收效甚好，尽管在不同地区的效果不同。这个淘气鬼尤其喜欢黑森州北部、下萨克森州南部以及勃兰登堡州等地的环境。浣熊常常烦扰当地阁楼居民，在夜晚闯入他们家中，突袭垃圾桶和肥料堆，制造出闹鬼的假象。作为杂食性动物，浣熊对当地生态结构并没有威胁。

特征

灰色皮毛，面部花纹类似一具黑色面罩，边缘呈白色。尾部毛发茂密，带明显黑色条纹（尾长为身长的三分之一），体重约10千克。易与獾（短尾、面部竖条纹）混淆。

河狸是纯粹的食草动物

河狸

拉丁名：*Castor fiber* | 河狸科

河狸是水利工程专家。它们用树枝筑坝，让小溪流在坝后汇聚成大池塘，在池塘边缘建起堡垒。堡垒的入口淹没在水下，敌人因此无法进入。河狸的筑坝行为使附近的草地被淹没，农民深受其扰。河狸曾是广受欢迎的健康食物（它被视为鱼类），并且其厚实的毛皮很受追捧，这导致河狸在欧洲差点绝迹。少数地区例如易北河中游的河狸得以存活下来。从这里开始，河狸又重新在野外繁衍开来。如今从斯堪的纳维亚半岛到法国南部都能看到它们的身影。

特征

棕色毛发，扁平宽大且无毛的尾巴十分显著，身长约1.2米，体重可达30千克。易与海狸鼠（*Myocastor coypus*）混淆，但后者体形更小，且有着和老鼠一样细长的尾巴。

一只虽年幼却
十分强壮的刺猬
已经准备好迎接冬天

刺猬

拉丁名：*Erinaceus europaeus* | 猬科

刺猬不爱居住在森林深处，而是其边缘，以便于晚上出去觅食。偶尔会吃蛞蝓的刺猬可以说是园丁的好帮手。但蛞蝓仅占它饮食的百分之几。幼鼠、雏鸟、鸟蛋、昆虫或蚯蚓，四处找到的一些浆果，它都喜欢吃。刺猬在落叶深处的巢穴里度过寒冷的季节。其巢穴隐藏在堆积如山的灌木丛里。刺猬将脉率和体温降低，以便用储备的脂肪撑到来年春天。遇到危险时，刺猬会蜷缩身体，竖起毛刺，即使是狗也无法靠近。一旦咬到刺猬，被刺伤的嘴痛感达数小时之久，且口水直流。这种疼痛没人想再经历一次。

特征

背部带棕色毛刺，其尖端浅色，腹部棕色。身高可达30厘米，体重约600克。

松鼠

拉丁名：*Sciurus vulgaris* | 松鼠科

松鼠的形象很受欢迎：可爱的大眼睛和短鼻子，再加上小刷子一样的耳朵，温暖了观察者的心。松鼠是一种灵活的善于攀爬的杂食性动物，春季里喜欢在鸟窝掠食。喜鹊同样掠食鸟窝，因此声名狼藉，而松鼠却能为森林带来福气。在秋天松鼠会把大量的橡子和山毛榉种子埋起来，然而其中大部分都被遗留在土里。虽然健忘会造成几只幼仔饿死，但到了春天，这些种子会发芽长成新的落叶树。意大利的北美灰松鼠（*Sciurus carolinensis*）给这种松鼠造成了威胁：前者更强壮，将本土松鼠逐渐驱赶到了北方。

特征

红棕色毛发，腹部发白，尾部毛发茂密，身长可达25厘米，体重约300克。某些地区出现了深毛色甚至近乎黑色的品种。

囤的“粮”被遗忘了？
健忘的松鼠为落叶林“播种”

北美灰松鼠源于美国，
对本土松鼠造成了威胁

贝希斯坦蝙蝠具有蝙蝠典型的尖锐牙齿和极强的方向感

贝希斯坦蝙蝠

拉丁名：*Myotis bechsteini* | 蝙蝠科

黄昏时分，我们可以在森林中看到蝙蝠，但从地面上看去很难分辨是什么品种。在这里我们仅以贝希斯坦蝙蝠为代表介绍一下这个群体。夏天，雌性与其幼崽生活在树洞中，为了防止寄生虫（螨虫等），它们每隔几天就异树而居。几个月下来，共需要约50个啄木鸟洞。但由于啄木鸟洞大部分被鸟类占据，因此在这片古老的落叶林中得有150棵穴居树供贝希斯坦蝙蝠栖息。在中欧的林区中，古老的落叶林仅占千分之几。因此森林蝙蝠数量急剧下降。

特征

蝙蝠的飞行姿态和粪便（包含昆虫残骸）与鸟类有所区别。各种蝙蝠翼展宽度大多25厘米左右，它们在傍晚和夜里无声地飞行，速度往往较慢。

黄喉姬鼠能发出尖锐的叫声，旁边的狐狸会因此而发现它

黄喉姬鼠

拉丁名：*Apodemus flavicollis* | 鼠科

黄喉姬鼠喜欢古老的落叶林。它们不仅以橡子和山毛榉种子为食，还吃花蕾、浆果或昆虫，偶尔也会享用一小颗鸟蛋。黄喉姬鼠藏身在大树底部，人们往往能通过其食物残渣发现它的踪迹，例如山毛榉种子的空壳。它不冬眠，因此必须像松鼠一样囤粮。如果它在冬天被吃掉，其囤积的粮食就会在春天萌发出一簇簇新芽。一些黄喉姬鼠试图在室内过冬，因此尤其在秋天，它们往往成为地窖里的不速之客。

特征

背部毛发棕色，腹部白色，颈部有棕黄色斑块。耳大，眼睛圆而突出。身长约11厘米，尾巴与身长相当。相似品种——小林姬鼠（*Apodemus sylvaticus*），但后者体形稍小，颈部无黄色斑块。

红棕色的毛发、小眼睛——一只堤岸䶄

堤岸䶄

拉丁名：*Clethrionomys*[①] *glareolus* | 仓鼠科

堤岸䶄是森林中最常见的鼠类。与黄喉姬鼠相反，其白天也十分活跃，在森林里的地面或树枝间四处觅食，因此很容易观察到。堤岸䶄虽然属于掘土动物，它们挖掘地下通道，建筑巢穴，但通常在枯木或灌木丛中也可以找到它们的洞穴。堤岸䶄是杂食性动物，冬季橡子和山毛榉种子匮乏时，也啃食树芽和树皮。因此它们可能会严重毁坏刚刚种植的落叶树树苗，将其富含养分的根茎部啃掉。然后，这些树与被河狸破坏的树相似，就像是它们的缩小版。

特征

背部毛发红棕色，腹部灰色。耳朵小而突出，小眼睛不明显，身长约10厘米，尾巴长度仅为5厘米。易与普通田鼠（*Microtus arvalis*）混淆，田鼠的眼睛、耳朵更小，尾巴更短。

① 据中国科学院网站资料，䶄属拉丁名已由Clethrionomys改为Myodes。——编者注

睡鼠白天在树洞中或屋顶睡觉

睡鼠

拉丁名：*Glis glis* | 睡鼠科

在过去的几世纪里，睡鼠曾是一种美味。在南欧地区，人们将睡鼠放在盆中育肥，然后宰杀。如今，睡鼠被认为是值得保护的动物。睡鼠很嗜睡。事实上，它们不仅在寒冷的季节蜷缩在树洞中，一年中的八个月都在睡觉，而不是其名字中的七个月[①]。其间，睡鼠可以减少98%的脉搏，以减少能量消耗。睡鼠跟松鼠十分相像，不仅是外观，连饮食结构也相似。除了树的种子和果实以外，鸟蛋或幼鸟也时不时被睡鼠吃进肚子。

特征

背部灰色，腹部白色，大眼睛，圆耳朵，尾部毛发茂密。身长约15厘米，尾巴长约14厘米。易与花园睡鼠（*Eliomys quercinus*）混淆，后者毛发棕色，有黑色的眼眶和细尾巴。

---

① 睡鼠在德文中的名称为“siebenschläfer”，包含德文中的数字7（sieben）。

鼩鼱和鼹鼠是近亲，二者的饮食结构也十分相像

鼩鼱

拉丁名：*Sorex araneus* | 鼩鼱科

鼩鼱其实不是老鼠，也不是啮齿类动物，而是食虫动物。鼩鼱有毒性，所以不会被猫捕食。显然对其他动物也是如此，死后其尸体往往会在地上搁置好几天。除了昆虫以外，它也吃蚯蚓和其他小动物。鼩鼱是红齿鼩鼱的一种，它们有着与名称相应的红色齿尖。与鼩鼱类似的中麝鼩（*Crocidura russula*）牙齿为纯白色。二者也可根据尸骨进行区分。鼩鼱是我们最常见的鼩鼱类型，其生存不受威胁。

特征

背部棕黑色，腹部从棕色渐变为灰色，尖嘴（正如其名①），眼睛跟大头针针头一样小，身长约7厘米，尾巴长约4厘米。易与家鼩混淆，但后者毛发为棕灰色。

① 鼩鼱在德文中的名称为“Spitzmaus”,“Spitz”有尖锐之意。

鸟类

雌鸟的头顶为黑色

大斑啄木鸟

拉丁名：*Dendrocopos major* | 啄木鸟科

大斑啄木鸟是德国最常见的啄木鸟品种。在城市的花园里也可以看到它们，因为它们并不特别害羞。大斑啄木鸟原是生活在枯木众多的森林里，因为腐朽树干里的昆虫幼虫是它们最喜欢的食物。它们用喙啄开树皮，将昆虫幼虫叼出来。如果猎物在树干深处，它们带刺的舌头能将美食拉入喉中。大斑啄木鸟偶尔会误飞到偏远的村庄觅食。幼鸟太饿时会很不耐烦，它们响亮而悠长叫着“ki—ki—”以呼唤父母，但这无疑暴露了它们的位置。

特征

体形与乌鸫相似，毛色黑白相间。雌性头顶“黑帽”，雄性枕部带一红斑。从喙基部到枕部有一黑色带状条纹（仿佛马套着的“缰绳”）。有着高昂的“kiks”叫声以及响亮的敲击木头声。

中斑啄木鸟有顶红帽

中斑啄木鸟

学名：*Dendrocopos medius* | 啄木鸟科

中斑啄木鸟是古老落叶林的典型居民。它们只能在树龄200年以上的山毛榉林中生活，这样的树皮才粗糙到能够攀附。在没有山毛榉老树的情况下，它们也能接受稍年轻的栎树，因为此时栎树树皮上已经形成了沟壑。此外，中斑啄木鸟还需要大量的枯树以觅食。这一系列要求再加上所需的林区面积，使其几乎不可能在我们的商业林里找到栖息地，因为这里所有的木材都会被砍伐。这一例子充分说明了，我们亟须建立森林保护区来保护野生森林动物。相反，中斑啄木鸟的出现往往说明林区生态环境良好。

特征

红毛，白面，没有大斑啄木鸟那样的黑色“缰绳”，体形更小。弱小的喙让它几乎不怎么凿树。在孵化幼鸟时，它会发出“叽叽”的叫声以宣示领地。

黑啄木鸟常常在地面觅食

黑啄木鸟

拉丁名：*Dryocopus martius* | 啄木鸟科

黑啄木鸟是欧洲体形最大的啄木鸟（与乌鸦大小相当）。它们筑造了大量的巢穴，用于居住和孵化，因此是森林里的建筑师。在一些被遗弃的巢穴里，猫头鹰、鸽子和蝙蝠定居下来。这些鸟类都是未受干扰的老林的典型代表生物。由于黑啄木鸟常常在健康的、有经济价值的植株上筑巢，林场并不一定欢迎它们。（引用有的林农的说法："谁不交房租，谁就该离开。"）出于经济利益的考量，有的树木甚至在达到中等树龄之前就被砍伐，老树所占比例因此很少，这就是黑啄木鸟是一个濒危物种的原因。黑啄木鸟的食物由各种昆虫组成，尤其喜欢吃林蚁。

特征

羽毛乌黑，带红色羽帽，雌鸟后颈带红色斑点。体形与乌鸦相近，在空中发出"kü-kü"的叫声，落地时伴着"hi-e"的一声。

小斑啄木鸟敲击出
尤其悠长的“诗节”

小斑啄木鸟

拉丁名：*Picoides minor* | 啄木鸟科

麻雀大小的小斑啄木鸟尽管分布范围很广，却毫不起眼。它们对林区的要求颇高：首先得是多枯木的森林，这点就像它们的啄木鸟亲属一样。我们很少能见到它们，但敲击木头声却暴露了其踪迹。小斑啄木鸟常在枯枝上“噔噔噔”地敲击，持续好几分钟，像一位忙碌的打字员。一连串敲击声之间仅隔几秒钟。在寻找栖息地时，小斑啄木鸟不会与大型啄木鸟冲突。由于体形较小，树枝就足以供其筑巢。为了不被雨淋，其树洞的入口处通常朝下。当小斑啄木鸟遇上中斑啄木鸟时，就得吃点亏，被迫离开。

特征

白额，雄鸟有红色帽顶。此外，与其他斑啄木鸟相比，其黑白的毛色较为单一。身长仅15厘米，因此不易与其他种类混淆。

松鸦

拉丁名：*Garrulus glandarius* | 鸦科

松鸦是鸟类中隐藏的森林管理员。它们的小脑瓜记住了成千上万个鸟类巢穴。秋天，它们将橡子和山毛榉种子或者蚯蚓藏在这些巢穴中。为了安全起见，它储存的数量非常大。到了春天，那些没被吃掉的种子就萌发出新芽。这些萌发的新芽为鸟类们的后代做出了贡献，确保它们未来有充足的食物来源。对林场来说这也是很有利的，因为几十年后单一的云杉和松树种植林就能成为混交林，而不必花费他们一分成本。在天然的高海拔针叶林中，松鸦的职务被星鸦（*Nucifraga caryocatactes*）取代，因为星鸦尤其擅长为云杉撒种。

特征

身被红棕色羽衣，羽翼和尾部则为黑白色。翅盖上一小撮蓝黑条纹的羽毛尤其显眼，因此不易混淆。

与松鼠相比，
松鸦能更好地记住囤粮的地点

星鸦则偏爱高海拔

渡鸦

拉丁名：*Corvus corax* | 鸦科

早期文化中，渡鸦十分受人推崇，但之后一直到“二战”时期，它们却被人无情地捕杀。渡鸦曾被认为是害死牧牛及成年黄牛的罪魁祸首，因此在中欧地区的数量大减。如今我们知道，渡鸦只对染病和病死的动物感兴趣，因此不会造成破坏。近几十年来，它们由东向西扩散，如今又随处可见。同时，经科学证实，渡鸦（和所有的鸦科动物一样）和黑猩猩一样聪明。

特征

黑色羽衣，翼展可达130厘米，楔形的尾部，能发出“ko-ko-ko”的叫声（明显比乌鸦的叫声低沉）。易与小嘴乌鸦（*Corvus corone*）混淆，但后者体形明显更小，叫声更清亮，且常成群出现。

渡鸦一生忠实于一位伴侣

小嘴乌鸦——它是渡鸦的近亲

苍鹰

拉丁名：*Accipiter gentilis* | 鹰科

苍鹰很容易与其他鸟类区分。没有其他鸟类能够像它一样如此快速地在树木和枝条间穿梭。苍鹰就是这样突袭树干上的猎物的，例如松鼠。它也用同样快速的动作猎捕那些顺树干绕弯逃跑的动物。此外，苍鹰最爱的美食是在空中捕捉的幼鸟和鸽子。它也在人类居住区捕捉鸡，因此曾长期遭人类捕杀。通过鸡毛是否被拔出，人们能判断袭击鸡的元凶是鹰还是狐狸：狐狸通常会咬掉鸡毛；而老鹰则会把毛拔出来，在此过程中鸡毛会折断。

特征

背被灰棕色羽衣，腹部有显著的白棕条纹（与雀鹰相似），翼展约100厘米，末端圆润。受到惊扰时发出“gik-gik-gik”的叫声。在密林中易与体形远小于它的雀鹰（*Accipiter nisus*）混淆。

苍鹰喜欢猎食鸡，
家禽养殖网能阻挡它，
让它与鸡保持距离

雀鹰更常捕食小型鸟类

欧亚鵟是德国本土
最常见的
掠食性鸟类

欧亚鵟

拉丁名：*Buteo buteo* | 鹰科

欧亚鵟虽只比鹰稍大，但由于其独特的生活方式，二者很难混淆：它不能在树木间快速飞行，反而总喜欢在空地上空盘旋，寻找猎物。欧亚鵟尤其偏爱捕食老鼠，这与它的名字相符①。此外，欧亚鵟也以其他小型哺乳动物为食，甚至还会捕食蚯蚓。欧亚鵟只出现在有林业活动的区域：因为在大规模砍伐或遭遇暴风后，针叶树种植园中往往会形成空地，而老鼠也常在这里繁殖，且从低空到地面都没有遮蔽。欧亚鵟的巢穴就建在空地旁的树上。

特征

羽衣多为棕色，腹部白色且带棕色条纹。种类众多，毛色各异，从近纯白到深棕。翼展约120厘米，有着“hi-ye”的叫声。

① 欧亚鵟在德文中的名称为“Mäusebussard”，“Mäuse”意为老鼠。

红鸢是真正的
种植活动的追随者，
也喜欢刚割过草的草地

红鸢

拉丁名：*Milvus milvus* | 鹰科

和欧亚鵟一样，红鸢喜爱开阔的空地，在孵化幼鸟时才需要森林里的树木。这棵树或许隐藏在森林深处。红鸢常在草地和田野上空盘旋，搜寻老鼠、乌鸦大小的鸟类和动物尸体。在寻找动物尸体时，它会运用一个新策略——尾随割草机，将被压死的小狍子和被压扁的小型哺乳动物收入囊中。割草机一启动，一只红鸢就会出现在上空，跟随着机器，直到除草工作完成。红鸢数量在逐年下降，其分布范围也相对较小，主要在德国境内（一半以上的红鸢生活在德国）。

特征

红棕色羽衣，头部为浅色至白色，尾部开叉。翼展可达170厘米。易与黑鸢（*Milvus migrans*）混淆，后者毛色更深，且尾部几乎没有开叉。

深灰色的背部，
泛红的“裤子”——
这是一只典型的燕隼

燕隼

拉丁名：*Falco subbuteo* | 隼科

燕隼只在孵化幼鸟时需要树木。不过，在筑巢方面，燕隼有些懒惰，喜欢借用喜鹊或乌鸦的旧巢。猎食时，燕隼会飞往开阔的田野和水域边捕捉昆虫。它们最喜欢的美味是大型的蜻蜓，但偶尔也捕食较小的鸣禽。燕隼常常发出“ki-ki-ki-ki”的叫声，这一点与它们的近亲红隼十分相似，但红隼的数量却是燕隼的十倍以上。红隼不仅喜欢住在塔楼，而且也同样喜欢在树上孵化幼鸟。秋天燕隼飞往南方过冬。

特征

背被深灰色羽衣，腹部呈白色且带有棕色条纹。在飞行中能观察到后肢仿佛穿着一条红棕色“裤子”。翼展80厘米。易与红隼（*Falco tinnunculus*）混淆，但后者羽毛为棕色（带黑色斑点），且不喜深林，常在森林边缘活动。

灰林鸮喜欢拜访
贴近自然的花园

灰林鸮

拉丁名：*Strix aluco* | 鸱鸮科

灰林鸮是我们最常见的猫头鹰品种。其瘆人的叫声“Huuuuu”（带有强烈的颤音）经常在电影中被用来衬托黑夜的危险。此外，在秋天灰林鸮会大声地叫着“ku-wit”，以宣示其领土。在其长达20年的一生中只有一位伴侣。灰林鸮喜欢在树洞里养育幼鸟，树洞可使用数年。在幼鸟受到威胁时，它们毫不畏惧，甚至当人类过度靠近时也会发起攻击。其食物来源主要是老鼠，借助敏锐的听觉灰林鸮能在夜里准确定位老鼠的位置，然后近乎无声地扑向猎物。

特征

棕色羽衣，带深浅相间的条纹，两只大眼睛相距很近，没有“耳朵”。翼展可达100厘米，易与极其少见的长尾林鸮（*Strix uralensis*）混淆。

长耳鸮与体形硕大的雕鸮外形相似，却只有其一半的呼声——“hu”

长耳鸮

拉丁名：*Asio otus* | 鸱鸮科

长耳鸮是夜行性动物，白天伪装成树枝，所以很难看到。长耳鸮夜间的叫声很有特点：短促而低沉的“hu”声，其间相隔数秒，单一却循环往复。在求偶和繁殖季节，它扇动着翅膀绕着巢穴飞行，发出巨大的声音，以宣示领地。其巢穴通常是头年某一掠食性鸟类或乌鸦遗留下来的。有时长耳鸮也在地面孵化幼鸟。其栖息地是森林边缘或林中岛屿，因为它夜间狩猎时需要开放的空间。其最大的竞争对手是灰林鸮，二者相遇，长耳鸮会被赶走。

特征

浅棕色羽衣，带深色线条，头上竖着两支“羽毛刷”（正如其名[1]）。体形以及翅膀均比灰林鸮更纤细，其翼展最多为95厘米。

① 长耳鸮的德语名称为“Waldohreule”，直译应为“林间耳朵猫头鹰”，文中的“羽毛刷”特指其独特的耳羽。

鬼鸮需要树洞来孵化幼鸟

鬼鸮

拉丁名：*Aegolius funereus* | 鸱鸮科

鬼鸮一直被认为是典型的针叶林居民，本应该在布满云杉和松树的高海拔地区活动。如今我们知道，它们也能在古老的山毛榉林栖息。由于体形小，它很难与其他猫头鹰混淆。与其相似的小鸮不会出现在密林中。音调不断上升的“u-u-u-u-u”的叫声是鬼鸮的明显标志。鬼鸮喜欢在被黑啄木鸟遗弃的巢穴里孵化幼鸟，有时也会在里面贮存少量的猎物。其猎物主要是森林里的小林姬鼠，时不时也有小型鸣禽。鬼鸮最大的敌人是灰林鸮，但与灰林鸮不同的是，它们会避开人多的地方。

特征

背被棕色羽衣，带白色圆斑，腹部有白棕相间的条纹，翼展可达60厘米，身高25厘米。易与纵腹纹小鸮（*Athene noctua*）混淆，后者的头羽较短。

雕鸮甚至在人类经营的采石场筑巢

雕鸮

拉丁名：*Bubo bubo* | 鸱鸮科

雕鸮是地球上体形最大的猫头鹰。长期以来，它们在中欧大部分地区几乎绝迹。雕鸮会猎食中型哺乳动物（如野兔、小狍子）和鸭子等鸟类，这让它们成为人类的竞争对手，因此人类毫无顾忌地捕杀雕鸮。直到今天，仍有人非法猎杀雕鸮。人工培育的雕鸮投放野外后，它们又重新繁衍开来。这种夜行鸟的体形特殊，本不容易与其他鸟类混淆，但我们很少能见到它们，其典型的叫声“u-hu”（重音在第一个“u”上）也是它们名称的由来[1]。这种独特的叫声在远处就暴露了雕鸮的行踪。对雕鸮的研究表明，雌鸟的呼声明显更高亢。

特征

棕色羽衣，带深色条纹，长耳羽十分突出。体重可达3千克，翼展可达170厘米。易与长耳鸮混淆，但后者体形明显更小，叫声只有“hu”。

① 德文中雕鸮名为“Uhu”。

一只黑鹳在池塘为幼鸟觅食

黑鹳

拉丁名：*Ciconia nigra* | 鹳科

与开放陆地上的物种白鹳(*Ciconia ciconia*)形成鲜明对比，黑鹳是真正的森林居民。它们的巢穴通常筑在一棵古树粗壮的、横向生长的枝条上。由于常年使用和时常修缮，其巢穴最终会变得非常重，以致能把树枝压断。对于外界干扰，黑鹳非常敏感，因此尤其偏爱安静的低山山脉。在这里能较好地观察到它们。黑鹳需要山林里的溪流和小池塘，以猎取鱼类和两栖动物并畅快地沐浴。黑鹳曾在中欧和西欧大部分地区绝迹，近年来，又重新繁衍开来。在森林中大规模建设的风能发电设施又让其原本向好的繁衍趋势受到威胁。

特征

背被黑色羽衣，带金属光泽，腹部白色。腿部和喙呈橘红色。翼展可达200厘米。与苍鹭（*Ardea cinerea*）相反，在飞行中黑鹳会伸直颈部。

丘鹬

拉丁名：*Scolopax rusticola* | 鹬科

丘鹬是树上的秘密居民之一。通常只有当它从距离人类仅几米的地方起飞时，才被人们发现。丘鹬是允许猎杀的动物之一。即使其数量减少，并且被认为是濒危物种，欧洲各地的猎人每年仍然要射杀数百万只丘鹬。它曾被莫名地赋予极高的价值，“丘鹬的排泄物”尤其受到追捧，包括丘鹬的肠道及其内容物。人们将这些东西切碎、调味，并涂抹在黄油面包上。如今大多数猎人都不再用这种吃法。春天，雄鸟展开求偶活动，它们不断地来回飞行，即形成所谓的“交尾飞行路线（Schnepfenstrich）”。

特征

与落叶颜色相似的棕色羽衣，带灰色和黑色花纹。喙长而直。易与扇尾沙锥（*Gallinago gallinago*）混淆，但后者体形更小，羽毛带突出条纹，且其喙更长。

丘鹬羽色与落叶相近，
这是它在地面上很好的伪装

扇尾沙锥在飞行中
会发出节奏感十足的叫声

欧鸽

拉丁名：*Columba oenas* | 鸠鸽科

欧鸽是非常害羞的鸟类。鸟类爱好者很少能在森林中观察到它们，它们也不常被人谈及。与斑尾林鸽（*Columba palumbus*）相比，欧鸽的叫声十分克制，只有一声“hu-e”，听起来很低沉，很难因此得知其方位。欧鸽喜欢在黑啄木鸟遗留下来的树洞里筑巢。因此和黑啄木鸟一样，它也栖息在粗壮的古树上。由于频繁的林业活动，欧鸽在德国本土已非常罕见，尽管它在世界范围内被认为是不受威胁的物种。通过树干底部残留的白色蛋壳，人们可以发现它的孵化场所。它以果实和种子为食，喜欢吃树林里的橡子和山毛榉种子。

特征

灰色羽衣，颈部有泛光的斑纹。翅缘有黑色线条，翼展约65厘米。易与斑尾林鸽混淆，但后者明显更重，带白色颈纹（或颈圈），叫声为“hu-hu-u-hu”。

很难如此近距离
观察到欧鸽

斑尾林鸽有着
独特的白色颈纹

欧斑鸠

拉丁名：*Streptopelia turtur* | 鸠鸽科

欧斑鸠是德国最小的斑鸠。它往往在路人靠近时突然飞走，这时才会被发现。它喜欢温暖的气候，所以在高海拔地区很少见。通过欧斑鸠的声音——不断重复的“hu-hu-hu”，很容易确认其身份。欧斑鸠的名字可能就是从它的叫声衍生出来的[①]。和其他斑鸠一样，欧斑鸠主要以种子、浆果和昆虫为食，它也是唯一在秋天穿越南欧、往南飞至撒哈拉沙漠以外的斑鸠。尽管其数量近年来已大幅下降，但在南欧现在仍然遭到人们的大量捕杀。

特征

背被浅棕色羽衣，带深色斑点，头腹部呈灰色。在飞起时，往往为显眼的棕色。易与灰斑鸠（*Streptopelia decaocto*）混淆，但后者体形远大于前者，多为单一米色，无明显斑纹，有黑色颈纹。

① 德语名称为“Turteltaube”，“Turtel”中含有u这个原因，因此文中说该名称可能来源于其叫声。

欧斑鸠浅棕色的
羽衣与干旱地区土地的颜色相近

灰斑鸠几十年前
才在德国出现

䴓

拉丁名：*Sitta europaea* | 䴓科

䴓不但是一种森林物种，还是很少在地面上出现的十足的树鸟。它们在树皮的裂缝和腐烂的树枝中觅食，用喙凿洞来猎取幼虫。其敲击声常常被误认为是啄木鸟发出的声音。它把山毛榉种子、坚果或橡子塞进树皮裂缝中，以此把它们劈开。䴓经常沿着树干向下攀缘，且头朝上。这种行为十分独特，因此就算我们粗略地看一眼也能辨认。就算没看到它们，我们也常常能听到䴓响亮的鸣叫声。其叫声很容易模仿，并且䴓也会回应模仿者的声音。䴓喜欢在啄木鸟遗弃的巢穴中孵化幼鸟，并用泥土将树洞的入口缩小。

特征

身高可达15厘米，背被蓝灰色羽衣，腹部土黄色，眼周带黑色纹路。

旋木雀总是
沿树干向上攀缘

旋木雀

拉丁名：*Certhia familiaris* | 旋木雀科

在中欧地区，旋木雀和䴓的分布范围相同。旋木雀虽不像䴓一样吃劈开的坚果，但昆虫和蜘蛛都是它的盘中餐。由于树干底部的食物已经被向下攀行的䴓搜刮干净，因此旋木雀专注于树干顶端，常常从下往上攀行觅食，这样就能收获被䴓遗留下来的猎物。旋木雀喜欢在枯树剥落的树皮下筑巢。极易与短趾旋木雀（*Certhia brachydactyla*）混淆，只有专家能区分两者。后者除了不在针叶林中栖息以外，其分布区域与旋木雀相同。

特征

身高可达13厘米，背部颜色似树皮，腹部乳白色，眼睛上方带浅色条纹。伸长的尾羽能起支撑的作用。

红交嘴雀

拉丁名：*Loxia curvirostra* | 燕雀科

红交嘴雀是典型的种植活动的追随者。它们栖息在针叶林森林，并随着云杉迁徙而来。云杉曾经只存在于中欧高纬度地区的小范围内，除此之外主要分布在极北地区。由于大规模种植云杉，红交嘴雀活动范围得以扩大。在进化的过程中，红交嘴雀的喙完美地适应了云杉球果，它们用喙把球果咬开，然后吃那些藏在种鳞下面的种子。因为习惯了寒冷，所以红交嘴雀与其他本地鸟类不同，12月已经开始孵化幼鸟。红交嘴雀大多站立在树上并且非常安静，因此很难观察到。

特征

灰棕色羽衣，雄鸟腹部和背部部分羽毛泛红，雌鸟泛绿。喙弯曲，喙尖交叉。易与锡嘴雀（*Coccothraustes coccothraustes*）混淆，但后者的喙更厚实。

上下喙交叉错位，
完美适应了云杉球果

锡嘴雀的喙色更浅且更厚实

苍头燕雀

拉丁名：*Fringilla coelebs* | 燕雀科

苍头燕雀是落叶林的居民，其在德国境内的栖息场所主要是山毛榉林。在那里，人们全年都能听到它们的鸣叫声，因为其中一部分鸟群会留下来过冬。如果发现种满树的花园，它们就喜欢把那里当作新的栖息地。在阳光明媚的天气里，苍头燕雀鸣叫的旋律听起来就像断断续续的句子“乒乒乒，我是意气风发的士兵”。这种声音我们称为“雀音（Finkenschlag）”。然而，在恶劣的天气下，它就发出“雨鸣声”——简单的“哔哔”声。因此徒步者将这种麻雀大小的鸟类誉为天气预报员。苍头燕雀在地面上跳跃着行走、寻找食物，这时人们很容易观察到。

特征

雄鸟被锈红色羽衣，头颈戴灰帽，雌鸟戴橄榄灰羽帽。身高约15厘米。易与燕雀（*Fringilla montifringilla*）混淆，但后者在冬天会大规模迁徙。

蓝天白云的天气里，
人们能听到
苍头燕雀的“雀音”

燕雀只在冬季来德国过冬，
在北方产卵

红腹灰雀

拉丁名：*Pyrrhula pyrrhula* | 燕雀科

红腹灰雀是德国本土最引人注目的雀类。尤其是那些色彩艳丽的雄鸟，当它们停留在森林里或冬季的投食鸟屋[①]上时，很容易辨识。黑色羽帽赋予它又一名称“天主教牧师（Dompfaff）”。它的栖息场所与红交嘴雀相似，即云杉茂密的林区。它们能用坚实的喙打开各类种子，也喜欢啃食落叶树树芽。因为它们会损害果树，曾不受果农的欢迎。红腹灰雀的交配过程颇为复杂。开始前，雄鸟会谨慎地叼着一根草秆献给雌鸟；如果雌鸟接受了，就开始交配。

特征

雄鸟背部灰色，腹部呈明显的橙红色。雌鸟羽毛灰白色，略泛粉红。二者均有黑色羽帽。易与欧亚鸲（*Erithacus rubecula*）混淆，但后者没有黑色羽帽。

① 原文为“Futterhäuschen”，在冬季，人们为了给鸟类补充食物而设置的小型投食装置。投食鸟屋内装有鸟类的食物。

红腹灰雀对待伴侣十分忠诚，
但至今未有研究表明
其伴侣是否终生唯一

欧亚鸲体形更加小巧，
胸前有橙色泛黄的羽毛

大杜鹃是不折不扣的伪君子

大杜鹃

拉丁名：*Cuculus canorus* | 杜鹃科

大杜鹃是个骗子，也是一种诡计多端的动物。很多鸟类一生中的大部分工作就是育雏，而大杜鹃却让其他鸟类来替自己完成这项工作。在飞行中，其姿态与雀鹰或猎鹰相似，因此一旦雌性大杜鹃接近鸣禽的巢穴，后者就会被吓跑，大杜鹃便能安心地在此产卵。为了不那么引人注目，大杜鹃的颜色和其他鸟类完全相同：褐色或青色，带斑点或纯色，它产的卵与其他鸟类也相同，只是体积稍大。一旦大杜鹃的幼鸟孵化出来，它就会将其他鸟类产下的蛋——即大杜鹃幼鸟的“继弟妹”们，无情地推向巢边，使它们掉落到地面。而体形远小于它的庭园林莺等作为大杜鹃幼鸟的“养父母”则只能继续供养这些外来的客人。

特征

羽衣十分多样化，大多数种类的背部为灰色，腹部带白棕相间条纹。可能与小型掠食性鸟类混淆，因为它在飞行中将自己伪装成后者。翼展可达60厘米。雄鸟的叫声“布谷布谷”，极易识别。

鹪鹩雄鸟用歌声吸引雌鸟来到它的球形巢

鹪鹩

拉丁名：*Troglodytes troglodytes* | 鹪鹩科

鹪鹩是森林里的淘气鬼。它们好奇地漫游在覆盆子和黑莓树丛中寻找昆虫。即使在很远的地方也能听到它们响亮的“嘀”的叫声。如果我们坐着不动，它们会慢慢靠近，直到与我们仅隔数米。雄鸟会在春季筑起几个球形巢，然后用歌声引来雌鸟。有兴趣的雌鸟会来到其巢穴参观，并在心仪的巢穴中挑选出最好的，随后二者在此交配。鹪鹩雄鸟建筑的多个巢穴并不会浪费，它经常向其他多只雌鸟展示巢穴，也因此雄鸟往往会迁居数次。

特征

背被红棕色羽衣，腹部略泛白，尾巴高高上扬。身高仅约10厘米，重约10克。

戴菊

拉丁名：*Regulus regulus* | 戴菊科

戴菊是欧洲最小的鸟类——仅重5克。与此相应，戴菊的叫声很尖细——高到老人无法听到。戴菊通常与较老的云杉一起出现，而在单一的落叶林中很少有这类树。戴菊体形小，相对于它的重量来说，其体表面积较大。因此，它对能量的需求非常大，每天必须吃下和自身体重一样多的食物。冬季，德国的戴菊数量会增多，因为北方的戴菊为避严寒而往西欧和中欧地区迁徙。在投食鸟屋旁，我们很少发现戴菊，它是欧洲所有鸟类中体形最小的，因此它非常谨慎。

特征

背被橄榄色羽衣，腹部灰色。黄色顶冠，两侧缘以黑色条纹。易与火冠戴菊（*Regulus ignicapillus*）混淆，但后者有白色眉纹，且带黑色眼部条纹。

戴菊歌唱出的
尖细高音是一个不错的
听力测试

颜色更为丰富的
火冠戴菊

两栖类和爬行类

滑蛇喜欢咬人，但没有毒性

滑蛇

拉丁名：*Coronella austriaca* | 游蛇科

特征

身体呈棕色至灰色，略带斑纹。头小，圆形瞳孔。身长约70厘米。易与极北蝰混淆，但滑蛇没有黑色的背线。

滑蛇不是真正的森林居民。为了获得阳光，它们更喜欢待在森林的边缘；从这里出发，穿过干燥的草地和山坡。在这些温暖的地方，滑蛇能捕获小型哺乳动物和蜥蜴。在面对体形较大的动物时，滑蛇就像其亚洲近亲——蟒蛇一样行动：紧紧缠绕着猎物（正如其名[①]），然后将其勒死。当滑蛇被逼到狭窄处，就会变得喜欢咬人。不过，它并没有毒性，并且其小牙齿几乎不会留下任何伤口。滑蛇的数量正在减少，主要是因为适宜的生存环境——人工种植林中的老林正在消失。

① 滑蛇在德文中名称为“schlingnatter”，“schlingen”意为“缠绕”。

火蝾螈

拉丁名：*Salamandra salamandra* | 蝾螈科

火蝾螈是老落叶林里的秘密居民。它们白天躲藏在树林里腐烂的树干下，夜间猎取蜗牛和其他小型动物。如果久旱逢甘霖，观察到火蝾螈的概率就很高。其幼体出生时就是已孵化的活体，随后在森林里清澈的小溪中生长。它们与鲵幼体的不同之处在于其四肢根部有黄色斑点。因为火蝾螈对污染非常敏感，如果在溪水中发现火蝾螈幼体，就可以认为该水体是可饮用的。这也是火蝾螈变得如此稀少的原因。火蝾螈每个个体的黄色斑点和条纹样式都不同，因此可终生用斑纹来进行个体识别。

特征

具有高识别度的黑底加黄色斑点或条纹，幼体腿部带有斑点。成年火蝾螈身长可达20厘米。

火蝾螈
每个个体的
斑纹都不一样

蝾螈幼体是
水质干净的标志

阿尔卑斯蝾螈

拉丁名：*Triturus alpestris* | 蝾螈科

阿尔卑斯蝾螈生活在中高山地区的森林中，其繁殖需要一些小池塘，这类池塘在大自然中的很多区域都较为罕见。春天，它们会在水里待上几个星期，只有在这个时候才易于观察。雄性阿尔卑斯蝾螈的求偶行为十分独特，在求偶时它会用尾部向其心仪的对象扇水。

对阿尔卑斯蝾螈来说，人类机械留下的车辙印反倒十分有用。车辙印要是够深，足以在整个夏天保留足够的水，蝾螈的幼体就可以在这里发育成熟，并在秋季变为陆上型动物。然而，有时其幼体也会在水池里过冬，直到次年春天才发育成熟。

特征

春天，雄性背部呈蓝色，带黄色背部条纹，其间布满斑点。其腹部橙色，无斑纹。雌性背部棕、灰、绿色斑点相间，腹部橙色。易与掌滑螈（*Triturus helveticus*）混淆，但后者腹部呈淡淡的浅黄色。

在不同的季节，
我们或在陆上或
在水中能见到阿尔卑斯蝾螈

掌滑螈——它与阿尔卑斯蝾螈
共同生活在某些小池塘里

林蛙

拉丁名：*Rana temporaria* | 蛙科

林蛙，顾名思义，并不是常住池塘的居民。只有在春天，林蛙才会进入大大小小的水域中，是第一批入水的蛙类。林蛙在那里产卵，将盘子大小的卵胶块投入水中。这些蛙卵随后发育成棕色蝌蚪，带金黄色斑点。6月，蝌蚪发育成为小林蛙，离开这些水域；在较为寒冷的地区，则推迟到夏末。作为最常见的本土蛙类，林蛙最大的作用是作为其他动物的主要食物来源，如黑鹳。目前导致其数量下降的原因，除了生态环境变化以外，还包括道路交通。交通发展带来的影响每年波及数百万动物，也导致林蛙无法往返产卵水域。

特征

背部泛红，带棕色斑纹，骨膜处有深色斑纹，腹部白色。身长可达10厘米。易与捷蛙（*Rana dalmatina*）混淆。

林蛙喜爱野外的花园，
这里有很多阴暗潮湿的地方

蛙在水中产下的卵
由胶状物包裹着

大蟾蜍

拉丁名：*Bufo bufo* | 蟾蜍科

大蟾蜍比青蛙更耐旱，这从其坚韧干燥的皮肤就能看出来。因此，即便是在降雨量很少的森林里也能见到它们。白天，它们会隐藏在石头和枯木之下，夜里则趁着夜色去觅食。除了一些其他的小型动物以外，大蟾蜍也以蜗牛为食，因此园丁们很欢迎它。春天，大蟾蜍在小池塘和沟渠中交配，将卵排成一长条，从这点很容易区分蟾蜍和蛙。蟾蜍卵孵化出的蝌蚪呈黑紫色。它们在夏天离开产卵水域。理论上来说，大蟾蜍可以活到40岁。但事实上，这一点如今往往无法实现，因为它们常常在前往产卵水域时被汽车车轮轧死。

特征

背部棕色，有许多小疙瘩，腹部较浅且有斑点，横瞳。雄性身长可达9厘米，雌性可达12厘米。全身布满毒腺，尤其集中于头部两侧。

大蟾蜍全身布满毒腺，
尤其集中在头部两侧

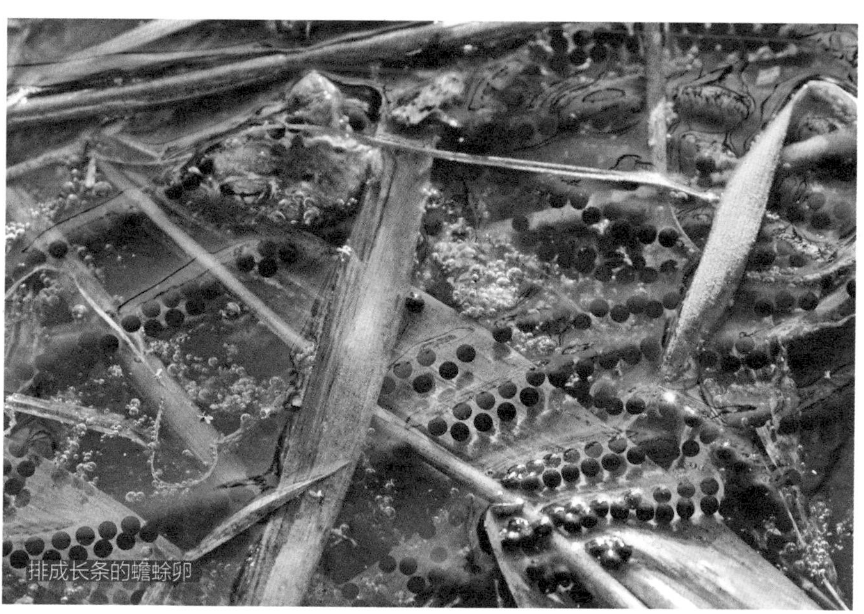
排成长条的蟾蜍卵

胎生蜥蜴

拉丁名：*Lacerta vivipara*丨蜥蜴科

胎生蜥蜴是德国最常见的蜥蜴，同时也是最小的蜥蜴。其成功的秘诀是——它的卵能够在母体内发育成熟。蜥蜴卵在离开母体时就裂开了，因此仔蜥一出生就能看到阳光。仔蜥出生后即可独立活动，离开母体去寻找新的栖息地。通过以活体出生的形式，胎生蜥蜴即使在寒冷的地区也能存活：在产卵前雌蜥一直处在有阳光的地方，而其他物种的卵都可能会被树荫遮盖。所以最好的观察地点是明亮的路边或空地上的枯木旁，动物们也常常在这些地方取暖。

特征

背部带棕色条纹，腹部橙黄色。身长可达15厘米，其中尾巴长10厘米。易与捷蜥蜴（*Lacerta agilis*）混淆，后者长度可达25厘米，在交配的季节雄性捷蜥蜴的身体变为绿色。

胎生蜥蜴是蜥蜴中的“北极光”

正处于交配季节的雄性捷蜥蜴

盲缺肢蜥

拉丁名：*Anguis fragilis* | 蛇蜥科

盲缺肢蜥并不是真的看不见，而是它在阳光下眨眼，看起来像是没有瞳孔。长期的误解导致形成了这一具误导性的名字，即使它的视力其实挺不错。盲缺肢蜥吃昆虫、蚯蚓和蜗牛。在花园里，盲缺肢蜥有时会因误食地上的蜗牛颗粒[①]而遭遇不幸，也常被误认为是蛇而被打死。盲缺肢蜥其实是蜥蜴的一种，它的腿在进化过程中退化了。遭遇天敌时，盲缺肢蜥有着一套自己的防御机制：它能让一截尾巴断掉，断掉的尾巴在数分钟内会一直剧烈地摆动，以分散攻击者的注意力。断尾虽然对其本身也造成了巨大的损害，但至少它可以就此逃命。

特征

背部为古铜色，年长个体的背部有两条侧线。腹部为灰色至黑色。身长可达40厘米。

① 一种用于清除蜗牛的有毒物质。

盲缺肢蜥的头部和
普通蜥蜴相似

盲缺肢蜥聚在一起过冬

极北蝰

拉丁名：*Vipera berus* | 蝰科

极北蝰是种植业和伐木业的受益者。它需要阳光充足的地方，以达到合适的猎食鼠类和蜥蜴的温度。伐木活动减少后，生态环境变得不适宜其生存，这使得极北蝰变得罕见。因此现在人们开始清理某些林区（正如一些地方要求的那样），虽然这是完全没有必要的。这种毒蛇分布广泛，向北可到达拉普兰，其数量总体来说并没有受到威胁。而所谓的极北蝰致命的毒性，经详细考证后发现这并不属实。其分泌物虽有剧毒，但它咬人时分泌的毒液很少，因此被袭击后不会有生命危险。

特征

雌性棕色，雄性灰色。在某些地区也存在纯黑的品种。背部花纹十分醒目，由中间相连的短横线条组成，也是它名称的由来[①]。竖瞳。身长为60厘米，更长的个体十分罕见。

① 极北蝰在德文中的名称为“Kreuzotter”，“Kreuz”有“十字”之意，与其背部的十字花纹相应。

极北蝰只有在阳光充足的森林或荒野地带才能生存

纯黑的极北蝰十分罕见

昆虫

红褐林蚁被认为是“森林警察”，对此它却一无所知

红褐林蚁

拉丁名：*Formica rufa* | 蚁科

红褐林蚁是针叶林居民，因为它不用树叶堆砌蚁巢。也因此，它在中欧古老的丛林中很少见。但凡是人工播种云杉和松树的地方，这种蚂蚁也随之而来，并繁衍开来。在这种情况下，特殊的防护措施其实是多余的。红褐林蚁曾被认为是“森林警察”，因为它们能消灭树皮甲虫等害虫。这种观点其实是过时的，因为它们不仅吃害虫，还捕食栎树蝴蝶（Eichenzipfelfalter）等稀有物种。遭遇敌人进攻时，它会竖起后腹部向对方喷洒蚁酸进行防御。如果用手指蘸一点，然后用鼻子嗅一嗅气味，你会感受到一股强烈的刺激。

特征

躯干红色，头部和后腹部为黑色。其在地上筑起凸起的大型蚁巢，直径可达4米。

弓背蚁在树桩上
挖掘出结构精细的蚁巢

广布弓背蚁

拉丁名：*Camponotus herculeanus* | 蚁科

弓背蚁是德国本土体形最大的蚂蚁。与红褐林蚁一样，广布弓背蚁也生活在针叶林中，但并不是因为针叶。它们在枯木中开凿蚁窝，尤其是在折断的树或树桩上。由于云杉和松树的木质比栎树等软，所以在那里造穴更容易。其蚁巢的通道沿着树的年轮纹而建，保留木质较硬、颜色较暗的部分。如此这般就形成了一个独特的结构。因为广布弓背蚁偶尔也在受损但仍活着的树木上筑巢，并一步步在健康的木质中扩大其巢穴的规模，因此一些林场主不喜欢它们。其主要食物来源是蜜露——树虱分泌出的一种含糖液体。

特征

身体黑色，身长可达1.8厘米。易与毁木弓背蚁（*Camponotus ligniperda*）混淆，但后者躯干为棕色，且需要更温暖的栖息地。

树蜂看似可怕，
却只往木头里蜇

蓝黑树蜂

拉丁名：*Sirex juvencus* | 树蜂科

蓝黑树蜂是蘑菇种植者。雌蜂利用其产卵管在病树或新伐树（主要是松树）的树皮下产卵。产卵点同时被接种上共生菌（*Amylostereum areolatum*）的真菌孢子，这对幼虫的生存也至关重要。树蜂幼虫会啮食树干，向内掘进5厘米，随后，在啃食出的空洞和周围的木质部上生长出真菌菌落，而真菌菌落能分解纤维素，使木质纤维能被这些饥饿的幼虫所消化。在持续2年的发育期结束时，树蜂为自己钻出一个圆形小孔作为出口，其直径可达1厘米。

特征

雌蜂身体为蓝黑色，带金属色泽；雄蜂与其相似，但后腹部红黄相间，体长可达30毫米。易与大树蜂（*Urocerus gigas*）混淆，但后者后腹部呈黄色，且体长可达4厘米。

赤松叶蜂

拉丁名：*Diprion pini* | 松叶蜂科

赤松叶蜂冗长的名称归功于雄蜂的触角，其梳子状的形态是科学家命名的灵感[①]。然而，比它的名字更重要的是它对森林的影响：赤松叶蜂专吃松针，也用松针喂养幼虫。饥肠辘辘时，每只赤松叶蜂每天可吃下多达12个针叶。在德国北部和东部的大片种植园里，赤松叶蜂经常过度繁殖，导致树叶都被吃光，只有5月萌发的嫩芽得以幸存。在松树下，传来一阵阵犹如下大雨般的滴嗒声。然而，这次雨声的来源却是赤松叶蜂落在地上的密密麻麻的排泄物。此后，树木通常又会恢复过来，但尽管如此，松树受虫害后木质生长量会大大减少，所以我们仍然要对赤松叶蜂进行防治。

特征 幼虫为黄色，头部棕色，身体带斑点。排泄物呈菱形。人们几乎无法观察到成年赤松叶蜂。

① 德文中赤松叶蜂名为“Buschhornblattwespe”，“Buschhorn”意为“灌木丛般的兽角”，因此文中说命名的灵感来自其梳子状的触角。

雄蜂梳子状的
触角是其名称的来源

只有在种植园里，
幼虫才算是危险的害虫

栎树瘿蜂

拉丁名：*Cynips quercusfolii*｜瘿蜂科

栎树瘿蜂与山毛榉瘿蚊相似。它们将卵产在栎树叶上，形成虫瘿。其虫瘿呈球形，幼虫在里面发育，随后在秋季化蛹，孵化后随虫瘿一起从树上落下。之后发育完成的瘿蜂从虫瘿里爬出来，但这时只有雌蜂。春天，雌蜂在嫩芽中产卵，从嫩芽中长出带绒毛的小虫瘿，里面住着雌蜂和雄蜂幼虫。其下一代才会再次形成典型的大球。栎树虫瘿过去曾用于制墨。瘿蜂的侵袭不会伤害树木。

特征

虫瘿直径可达2厘米，总是附着在树叶背面。它们最初是绿色的，后转为黄色，随后变红。

栎树瘿蜂是寄生生物，
但它不会对栎树造成损害

典型的栎树虫瘿，
里面分别寄生着一只瘿蜂幼虫

山毛榉瘿蚊

拉丁名：*Mikiola fagi* | 瘿蚊科

山毛榉瘿蚊是损害山毛榉叶子的小害虫。初春产卵后，孵化的幼虫吸附在嫩叶上。幼虫造成的损伤导致叶片上长出卵状或冠状增生物，幼虫可以寄生在里面，在其保护下生长。每片山毛榉叶通常有好几个虫瘿。秋天的时候，虫瘿落到地上，第二年春天幼虫孵化成瘿蚊，之后又开始产卵，周而复始。瘿蚊对宿主有特殊的要求，它不会更换寄生的树种。即使遭遇重度虫害，山毛榉树也不会受到什么伤害。

特征

体长约5毫米，结冠状无毛虫瘿，吸附在树叶正面，绿色至红色。中空，里面寄生着浅色小幼虫。易与拉丁名为*Hartigiola annulipes*的山毛榉毛瘿蚊混淆，但后者的虫瘿表面有毛。

在各方面，
瘿蚊的规模都小于瘿蜂

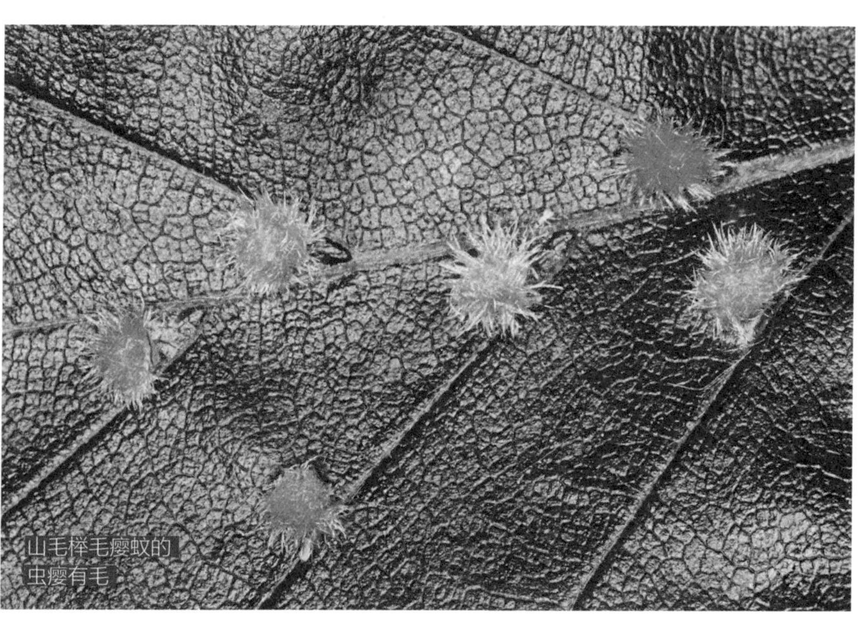
山毛榉毛瘿蚊的
虫瘿有毛

摇蚊

拉丁名：Chironomidae[①] | 摇蚊科

摇蚊在德语中也被叫作“跳舞的蚊子”（Tanzmücken），这正是我们可以轻松识别它的方法。在通常由雄性组成的蚊群中，它们上下飞舞。特别是当太阳处于较低位置时，即早晨和傍晚时分，人们很容易在树间观察到它们。我们大可慢慢地观察，因为摇蚊不叮咬人。在其短暂的一生中，以蚜虫排泄物或花蜜为食。有时它们会聚集成群，以至于乍看之下，会被误认为是烟雾。由于摇蚊有500多个不同的品种，且在不同的时间孵化，因此在整个夏季，半年内人们都能看见此类蚊群。

特征

摇蚊呈立姿，前腿上抬，且不停摆动（正如其名）。一大群摇蚊往往同时出没，在空中上下飞舞。

① 此为摇蚊科的拉丁名，非种名。——编者注

警报解除：
摇蚊不叮咬人！

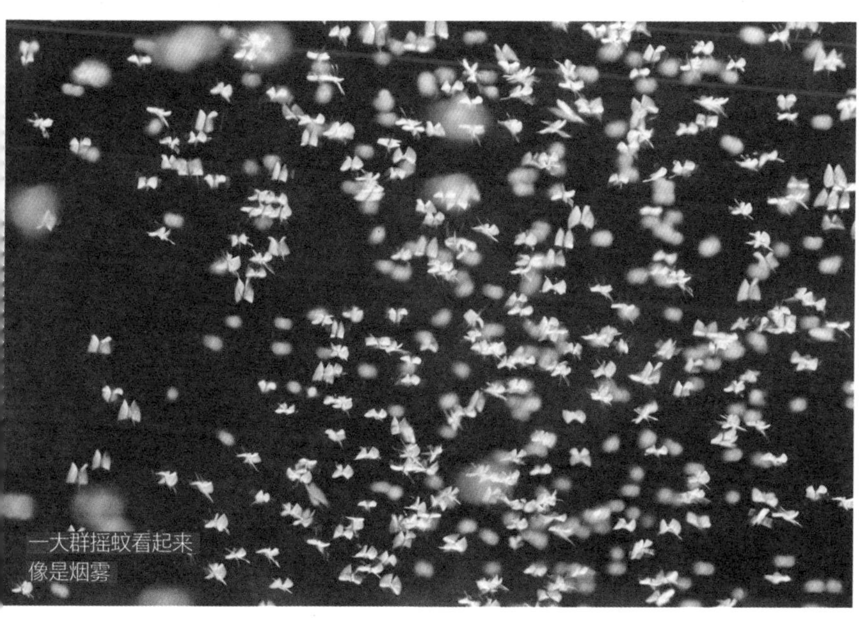
一大群摇蚊看起来
像是烟雾

云杉八齿小蠹

拉丁名：*Ips typographus* | 小蠹科

几乎没有哪一类甲虫像云杉八齿小蠹一样可怕。其实，它原本发源于北欧寒冷的针叶林，这类针叶林只在德国海拔最高的地区才能找到。而在其他分布地区，这种小蠹往往是人类林业活动的产物，出现在所有种植云杉树的地方。其实，云杉八齿小蠹属于所谓的次生害虫：它只能损害已被破坏的树木。它一旦钻进一棵健康云杉的树皮，就会被树脂淹死。然而，中欧的云杉林主要分布在不太合适的地点，那里太温暖、太干燥，不适合云杉生存。在这些地区，云杉树非常干燥，这使得它们无法抵御虫害。很快，整个山脊就会因为云杉八齿小蠹的大规模繁殖而变得光秃秃的。

特征

躯干深棕色，鞘翅后部倾斜，侧面带有齿突（以拨开钻出的木屑）。身长约5毫米。其幼虫白身黑头，孵化时会形成手掌大小的特殊图案。

孵化图——孵化后幼虫钻出的细小坑道，均匀分布在两侧

云杉八齿小蠹成群出现的地方，林木不整

中穴星坑小蠹

拉丁名：*Pityogenes chalcographus* | 小蠹科

中穴星坑小蠹是云杉八齿小蠹的小弟。它主要侵蚀细小的树干和枝条，当这些树遭遇严重虫害时，就会枯死。中穴星坑小蠹多出现在云杉上，而在其他针叶树上较罕见。它只在大型树木的树冠区繁殖，因此云杉的枯梢通常归咎于这种小甲虫。其幼虫钻入树皮取食，晶莹剔透且含糖量丰富的形成层是它们的最爱。没有了形成层，树冠的养分无法输送到根部，树木的地下部分就会死亡，随之地上部分也会因缺乏水分供给而干枯。

特征

躯干深棕色，鞘翅后部带齿突（多见于雄性）。其幼虫白身黑头，孵化图案呈放射状星形。

孵化图：
主坑道多为星形

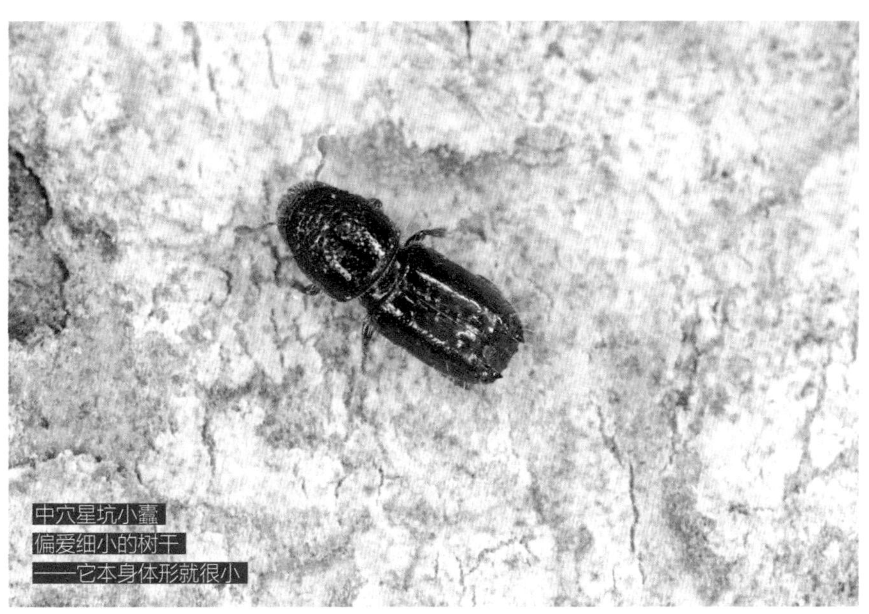

中穴星坑小蠹
偏爱细小的树干
——它本身体形就很小

纵坑切梢小蠹

拉丁名：*Tomicus piniperda* | 小蠹科

纵坑切梢小蠹“不负众望”：它们在松树的树冠部开剪，很快松树底下就铺满了绿芽。成虫会因交配、产卵而耗尽体力，在此之前要不停取食，因此造成了这番景象。成虫和刚孵化出来的幼虫一样，以幼枝的髓部为食，使幼枝变得脆弱，一阵风吹来便会折断。被破坏的松树不一定是纵坑切梢小蠹的产卵地，它们往往选择在相邻的几棵树上产卵。在这些树上，它们和其他树皮甲虫一样，在树皮上钻洞，并选择其中一个坑道交配产卵。这些坑道并不笔直，而是在末端处像拐杖一样弯曲。

特征

躯干棕黑色，鞘翅末端没有齿突。其幼虫躯干白色，头部深色。孵化图案中主坑道狭长且末端弯曲。

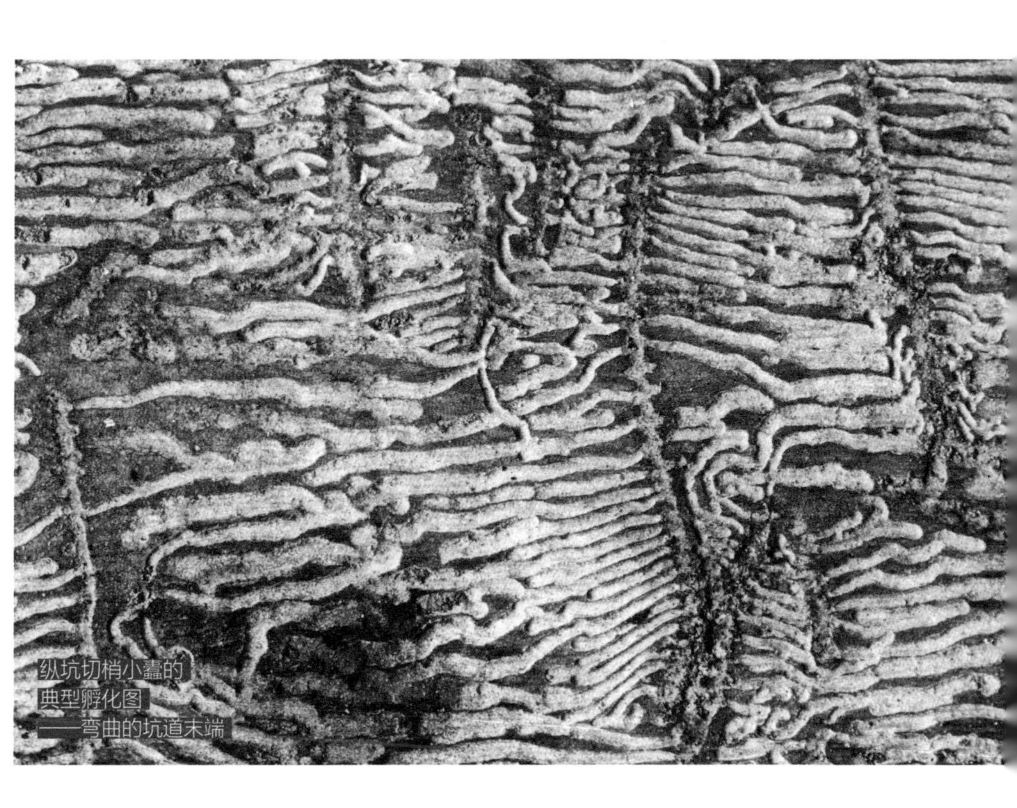

纵坑切梢小蠹的
典型孵化图
——弯曲的坑道末端

掉落的树枝
暴露了纵坑切梢小蠹的踪迹

松象虫

拉丁名：*Hylobius abietis* | 象甲科

针叶林的林务员十分惧怕松象虫，因为它们喜欢吃幼树的树皮，会侵害新种下的云杉、松树或花旗松，导致树木死亡。因此一些林业公司至今仍在用杀虫剂管理这种再造林。松象虫幼虫在幼嫩的树桩上生长，所以是典型的伐木行业的伴生虫。它们原本的栖息地在北欧和东欧，以及林线以下的较高海拔地区。如果我们惊扰到了松象虫，它会直接装死。

特征

底色灰棕色，鞘翅表面有黄色斑纹。头部长着触角，身长可达1.5厘米。易与落叶松象虫（*Hylobius piceus*）混淆，但后者斑点更为明显，且多出现在落叶松上。

自然条件下
松象虫很罕见

落叶松象虫
有更明显的斑点

有恐高症？因为没有翅膀，云杉象甲终生待在地面上

云杉象甲

拉丁名：*Otiorhynchus niger* | 象甲科

和同类松象虫一样，云杉象甲也被认为是一种森林害虫。它的幼虫以年幼云杉的根部为食，使其颜色变红，最后死亡。云杉象甲可以被看作是林业活动的追随者，因为它主要在针叶林人工造林过程中大量繁殖。不过，云杉象甲的扩散速度并不快，因为它们不会飞。但其存活时间可达3年，这对昆虫来说是相当长的，因此其扩散范围仍旧很广。除云杉针叶以外，它也食用桤木叶。在种植云杉树苗前，林业公司将其根部浸泡在杀虫剂中，以此来防治象甲——不幸的是，这也伤害了土壤中的其他生物。

特征

躯体黑色且带光泽，足深橘色，鞘翅凹凸不平。其幼虫白色，带棕色绒毛。身长约1厘米。

杨叶甲在
啃食杨树叶

杨叶甲

拉丁名：*Chrysomela populi* | 叶甲科

杨叶甲在德国越来越常见。其原因是：短周期种植园越来越多。人们在田地里植树造林，每隔5～10年树木就会被砍掉，用作生物发电的原料。留下的树桩上又长出新的树木，因此这一过程可以重复很多年。这类种植园多种植杨树，而这种单一林很适合漂亮的杨叶甲繁殖。其幼虫吃杨树叶，成虫本身也以叶子为食。它们的啃食会造成生物发电原料的产量急剧下降，从而影响种植园的收益。因此，生物杀虫剂越来越多地被用于这类短周期种植园，尽管并没有这样做的必要。

特征

头颈部黑色，鞘翅橘红色，鞘翅末端带黑尖，腹部黑色。身长8～12毫米。

山毛榉跳甲

拉丁名：*Rhynchaenus fagi* | 象甲科

山毛榉跳甲确实是会跳的，通过山毛榉叶子上的孔就能得知它的踪迹。树叶看起来就像被细小的子弹打穿一样。当出现大规模虫害时，山毛榉的树冠也会稍显破败。此外，其幼虫还从内部蛀食山毛榉叶。它们先将叶脉掏空，然后再继续向边缘啃食，最后在那里化蛹。如果花园里的篱笆是用山毛榉木做的，我们或许也能在那儿看到这种甲虫。然而，这方面的防治措施并不必要，因为啃食不会对树木和绿篱造成永久性损害。相反，它们给苹果树造成的危害更大，因为它们会钻入幼果，使其变得不可食用。

特征

躯干棕黑色，足端微红。身长约2毫米。被蛀食的叶片上分布着细长的幼虫坑道，在叶缘扩大为块状（叶片局部仿佛已凋谢）。造成的损害易与森林病害混淆。

山毛榉跳甲也喜爱果树，
因此它不受果农欢迎

典型的被山毛榉跳甲
蛀食的树叶

山杨卷叶象甲

拉丁名：*Byctiscus populi* | 卷象甲科

无论如何，卷叶象甲都无法隐藏自己与象甲的亲缘关系，因为它们有着一样的典型的头部。然而，其生活方式却截然不同：为了保护幼虫，它们会把叶子卷起来，人们称其为“雪茄”。叶子卷成后，它们用分泌物将其粘牢、固定，然后把卵产在卷叶里。这样幼虫就可以免受捕食者的侵害，顺利生长。这种卷叶象甲可寄生在各种杨树上，尤其是欧洲山杨。其成虫也以杨树树叶为食，人们可以通过被啃食的树叶来识别它们。它不会吃下整个叶片，而是只吃其上层组织，因此被它啃食的叶面上仿佛开了一扇扇窗。

特征

躯干泛金属光泽，根据光照变化，呈现金色、绿色或蓝色，腹部为深色。体长约5毫米。易与梨卷叶象甲（*Byctiscus betulae*）混淆，但后者体形较大，腹背部均为深色。

“不吸烟者”：
山杨卷叶象甲卷“雪茄”
只为保护幼虫

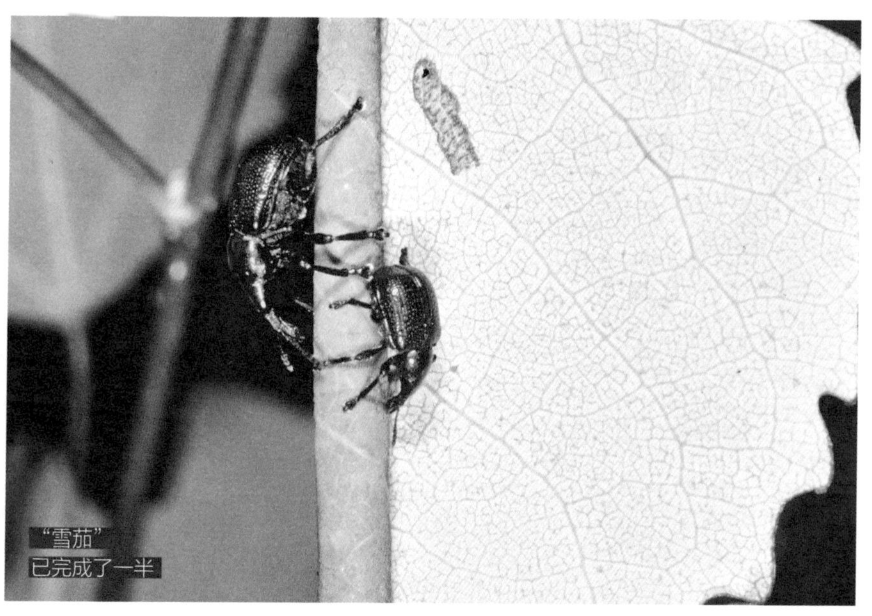

“雪茄”
已完成了一半

七星瓢虫

拉丁名：*Coccinella septempunctata* | 瓢虫科

七星瓢虫是瓢虫大家族中最著名的代表。其幼虫和成虫有一个共同点：能捕食数百只蚜虫。在蚜虫多的年份，瓢虫也会大量繁殖。如果瓢虫在夏末大量聚集，就会造成虫灾，就像前段时间波罗的海沿岸一样。现在，七星瓢虫也有了竞争者——异色瓢虫（*Harmonia axyridis*）。异色瓢虫从有机农场逃出，在农场里这种瓢虫被用于防控害虫。异色瓢虫带来的病原体大规模感染了本土瓢虫，所以异色瓢虫越来越多。这也给葡萄种植者带来了麻烦。如果异色瓢虫混入葡萄中，被一起采收，会使整批葡萄变质。

特征

头部黑色，颈部有白色斑点，鞘翅橘红色且带七个斑点，腹部黑色。易与异色瓢虫混淆，但后者大多带19个斑点，且颜色丰富多样。

七星瓢虫的
前景堪忧

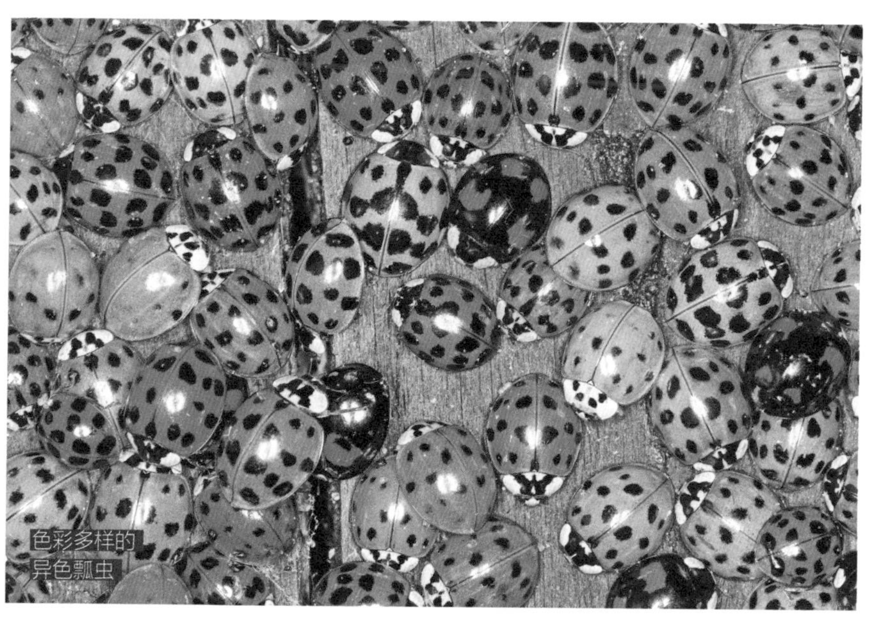
色彩多样的
异色瓢虫

大栗鳃角金龟

拉丁名：*Melolontha hippocastanic* | 鳃金龟科

森林中的鳃角金龟似乎极其稀少，以至于1974年歌手莱因哈德·梅伊灵感迸发，写下歌曲“没有鳃角金龟了”。如今我们知道，这类甲虫集体繁殖的时间间隔很长，长达30～40年，其间它们很少出现。目前而言，其数量较多。大栗鳃角金龟其实应该叫“五月虫”[①]，因为在它长达4～5年的生命中，仅有几周的时间以成虫的形态示人。发育完成后，它们开始啃食落叶树的叶子，森林因遭遇大规模侵袭而变得光秃秃的。而在其一生中余下的大部分时间里，它都以幼虫的形式在土壤中度过，啃食树根，因此林务员认为它是害虫。

特征

鞘翅红棕色，腹部黑色，触角像扇子一样打开。身长可达3厘米。易与普通鳃角金龟（*Melolontha mlolontha*）混淆，但后者肢体更纤细。

① “五月虫”的说法源自其德文名“Waldmaikäfer”，其中的“Mai”意为五月。

大栗鳃角金龟
曾是穷人的食物

金龟子幼虫
——大栗鳃角金龟的
幼虫期可长达 5 年

马铃薯鳃金龟

拉丁名：*Amphimallon solstitiale* | 鳃金龟科

马铃薯鳃金龟更多时候被称作“六月甲虫”，这也更符合它的特点：在6月的头几天，它们在黄昏时分成群结队地飞到森林边缘交配，尤其是雄虫。甲虫趋光，与森林深处相比，森林的边缘在空地的衬托下显得更亮。日落后它们因此也会扑向行人。它们选择一天中最晚的时间交配，是为了避开其鸟类天敌。“六月甲虫”很容易识别，因为它看起来像“五月甲虫”大栗鳃角金龟的缩小版。与大栗鳃角金龟一样，马铃薯鳃金龟也以叶子为食。7月，马铃薯鳃金龟将卵产于地下，孵化出的幼虫会啃食树根。大量繁殖时会导致森林虫害。

特征

鞘翅棕色，带纵脉，侧边有毛。触角开扇，身长可达18毫米。易与双绺鳃金龟（*Amphimallon ochraceum*）混淆，但后者鞘翅侧边无毛。

马铃薯鳃金龟是
大栗鳃角金龟的缩小版

幼虫在啃食树根

角蛀犀金龟，
雌虫的犀牛角
比雄虫小

角蛀犀金龟

拉丁名：*Oryctes nasicornis* | 犀金龟科

特征

鞘翅棕色泛光，头部颈部宽阔呈黑色，带标志性的“犀牛角”。身长可达40毫米。

角蛀犀金龟的外形十分壮观，人们不会将它与其他甲虫混淆：它的角就像非洲大草原上的犀牛角微缩版。角蛀犀金龟是丛林居民，其幼虫在腐烂的枯木中生长。它是否是德国本土生物还有待商榷。角蛀犀金龟可能是种植活动的追随者，因为在人类定居点附近的树皮、堆肥或锯末中也能发现其幼虫。它的主要分布区域是南欧，但同时也会出现在瑞典这样的北欧国家。如果在腐烂的花园废料中出现了长达10厘米的金龟子类幼虫，请不要管它，它可能就是一只角蛀犀金龟。

扁锹甲寄生在潮湿的枯木中，而不是干燥的横梁上[1]

扁锹甲

拉丁名：*Dorcus parallelipipedus* | 锹甲科

扁锹甲是深山锹甲的近亲，但前者要小一号：雄性扁锹甲头部宽大，但没有“兽角”般的钳子。与深山锹甲相反，扁锹甲幼虫只在枯木中待3年就会化蛹，体长也只有深山锹甲的一半。此外，扁锹甲很容易与深山锹甲的雌虫混淆。不过，它没有黄色的绒毛，且光泽度不高，相反其翼盖上的斑点更多。虽然在一些地区扁锹甲已是稀有物种，但在很多落叶林中仍能发现它们的身影。

特征

躯干棕黑色至黑色，雄虫的前胸背板与头同宽，雌虫的头部较窄，鞘翅带斑点。身长可达32毫米。

❶ 扁锹甲德文名“Balkenschröter”中含有“横梁”（Balken）一词。

森林蜣螂

拉丁名：*Geostrupes stercorosus* | 粪金龟科

自从狍子和鹿的数量大幅增加后，森林蜣螂成了德国森林中常见的小伙伴。狍子和鹿的尸体是森林蜣螂的主要食物。蜣螂成虫用粪球养育幼虫。它们将粪球存放在专门挖掘的地道中，同时，也在此产卵，虫卵在这里化蛹成虫，最后长成甲虫。在长达一年的时间里，其幼虫以地道里的粪球为食。森林蜣螂会“唱歌”。“唱歌”时，它摩擦身体边缘的毛刺，产生小而尖锐的声音。如果我们用手抓着它时，它也会发出这类声音以示抗议。

特征

身体蓝黑，脚上长有刺钩，强而有力。身长可达18毫米。易与普通蜣螂（*Geotrupes stercorarius*）混淆，但后者前胸背板两侧各有一个凹槽，且身长可达25毫米。

森林蜣螂，
夏季人们在潮湿阴暗的
林间小路上能发现它

人们在森林里
也能见到普通蜣螂

深山锹甲

拉丁名：*Lucanus cervus* | 锹甲科

深山锹甲是德国本土体形最大的甲虫。它用“钳子”，或者说是它的上颚，来与对手战斗。赢家会把对方从树上扔下。深山锹甲的雌虫比较不显眼，也没有大钳子，但它的战斗力仅次于雄虫。其幼虫在枯木中成长，并在那里度过8年时间。它们并不一定寄生在枯死的栎树上，就像长期以来人们推测的那样：其幼虫也可寄生在其他树种的枯木中，有时甚至能在木栅栏柱中发现。在温暖的夏日傍晚，不妨在花园里观赏一下这类甲虫。

特征

躯干棕黑色，雄虫有宽大的红棕色上颚（“钳子”），身长可达70毫米。雌虫前足有黄色绒毛，无“钳子”。

深山锹甲雄虫
用其强大的
上颚与同类角逐

没有“角”的雌虫

血色副叩甲的背板上有短毛

血色副叩甲

拉丁名：*Ampedus sanguineus* | 叩甲科

血色副叩甲行动并不迅速。但如果我们让它仰面朝天，它能突然跳起，在降落时翻过身来。为了做到这一点，它会弓起胸部和腹部，形成张力，然后再突然释放。跳起时，会发出典型的咔嗒声。其幼虫，即所谓的线虫，主要生活在松树的朽木中。在那里，它们一开始只吃木质纤维，后来发育为细长的幼虫，改吃肉食，捕食枯木上的其他生物。发育完成的成虫又恢复了素食。成虫在花上觅食，常造访伞形科植物。

特征

躯干黑色，带橘红色鞘翅，前胸腹板及后腹部有明显"凹槽"（以便跳跃时缩起身体）。身长约15毫米。易与其他种类叩甲混淆，但血色副叩甲体形较大。

鼠捷走叩甲的
分布范围很广

鼠捷走叩甲

拉丁名：*Agrypnus murinus* | 叩甲科

鼠捷走叩甲像一只灰色的小老鼠。与五彩缤纷的近亲相比，它非常不显眼。它还将自己纯色的身体隐藏在许多浅色的小鳞片下，这让它看起来微微发光。如果在路边的草本植物上找不到它，那它可能在林中的石头下晃荡。鼠捷走叩甲仰卧时，也能展现同样的跳跃技巧（见血色副叩甲）。其色彩的配搭与跳跃的技能是独一无二的，因此不易与其他种类混淆。鼠捷走叩甲的分布区域很广：无论是在温暖的南欧，还是在凉爽的斯堪的纳维亚半岛，或是在遥远的亚洲（最远至西伯利亚），甚至在北美洲，这种甲虫随处可见。

特征

躯干灰棕色，覆以细小的浅色鳞片，部分鳞片排列有序。足部和触角呈棕色。身长可达17毫米。

针叶林中树皮甲虫的
猎食者——蚁形郭公虫

蚁形郭公虫

拉丁名：*Thanasimus formicarius* | 郭公虫科

蚁形郭公虫虽然看起来像蚂蚁穿上了护甲，但其生活方式却完全是另一回事：它们专吃树皮甲虫。其幼虫和成虫均可捕食树皮甲虫、云杉象甲及各阶段的甲虫。此外，它们和甲虫一样，在树皮下孵化；只有在这里人们才能发现它们。如果运气好的话，当我们掀开遭受虫害的树皮时，就会看到这种小而醒目的甲虫。开始时，它们迷茫地坐在木头上短暂地发呆；但很快，就又躲入下一块树皮下。在林场主眼中，蚁形郭公虫是防治树皮甲虫的好帮手，不过当甲虫大规模暴发时，蚁形郭公虫也无能为力。

特征

头部和足呈黑色，前胸背板及腹板为红色。黑色鞘翅上掺杂红色，带白色波浪条纹。外形让人联想到蚂蚁。身长可达10毫米。

夏季我们在
花朵上能见到
赤翅甲

赤翅甲

拉丁名：*Pyrochroa coccinea* | 赤翅甲科

赤翅甲果然名不虚传。除头部外，包括前胸背板在内的背部都是鲜红色。它以蚜虫甘甜的排泄物或植物汁液为食，而其幼虫则是贪食的捕食者。它们在已被破坏的落叶树树皮下捕食。往往天牛或吉丁虫先在此产卵，让其幼虫在病树的树皮下取食。而天牛和吉丁虫的幼虫正是赤翅甲所寻找的猎物。如果找不到其他甲虫的幼虫，赤翅甲也会攻击同类。这一殊死斗争最多持续3年，随后它们化蛹，变为红色成虫。

特征

头部和腹部为黑色，前胸背板及鞘翅为红色。有锯齿状的触角。幼虫米黄色，颚强劲有力，尾端有两个向后的刺突。

有腐烂味道的地方
就有埋葬甲

埋葬甲

拉丁名：*Nicrophorus vespilloides* | 埋葬甲科

森林里有一位送葬者——埋葬甲。老鼠等小型动物尸体很适合它们。雄虫为此而战，胜者随后吸引来一只雌虫。它们合力把老鼠尸体绕成一团，埋入几厘米深的土中。之后埋葬甲在一旁产下约10个虫卵。最初，孵化出来的幼虫很小，还不能咬食腐烂的肉。因此，雌虫在最初的几天里会提供帮助：它们会预先消化几口肉，然后一滴一滴地喂给幼虫。当幼虫足够大的时候，就会钻进老鼠的尸体里，大快朵颐，直到结茧为止。此后大约2周，成虫破茧而出，随后以其他昆虫或腐肉为食。

特征

躯干黑色，泛光，鞘翅有醒目的橘色横纹。触角尖端同为橘色。身长约20毫米。

双色丽葬甲
不像埋葬甲一样挑剔

双色丽葬甲

拉丁名：*Oeceoptoma thoracica* | 埋葬甲科

只要是臭气熏天的地方就有双色丽葬甲出没：大型动物的粪便，臭气熏天的白笔鬼菌，腐烂的植物、动物尸体。对双色丽葬甲这种腐尸甲虫来说，这里就是天堂，对于猎物它没有埋葬甲那么挑剔。只要是气味难闻的动植物所在的地方，双色丽葬甲就会出现，并开始盛宴。双色丽葬甲的幼虫没有专门的食物，它们吃的东西和成虫一样。对于白笔鬼菌来说，双色的葬甲是一个好帮手，因为它们在森林中漫游时，会将真菌孢子传播到各处。双色丽葬甲的分布区域很广：从南欧到斯堪的纳维亚半岛，甚至是日本的许多森林，都有它的栖息地。

特征

躯干和鞘翅为灰黑色，前胸背板为橘色，带短毛。体形与臭虫相似，非常扁平。触角短，末端较粗。

椎天牛
只在幼虫期进食，
成虫禁食

椎天牛

拉丁名：*Spondylis buprestoides* | 天牛科

椎天牛是现代化的种植管理的受益者。椎天牛生活在松树林中，在上一个冰河时代之后，它们在中欧几乎绝迹了。直到人类大面积栽培松树，才给它们提供了新的栖息地。幼虫在朽木中取食，常在老树树桩上。由于它们不能消化纤维素，肠道细菌帮助它们分解难以消化的食物。当甲虫2年后从树桩里出来时，它们就停止进食了，直至死亡。从交配到排卵，椎天牛用体内储备的脂肪来度过，繁殖后它就会死亡。

特征

躯干黑色，鞘翅带翅脉。足部强劲有力，触角短。前胸背板呈半圆形。身长约20毫米。

斑纹瘦花天牛与蟋蟀一样发出窸窸窣窣的鸣叫声

斑纹瘦花天牛

拉丁名：*Strangalia maculata* | 天牛科

斑纹瘦花天牛是德国最常见的天牛科甲虫之一。醒目的花纹让它很容易被发现。夏天的时候，人们可以在路边的花上看到它，它在那里采食花粉和花蜜。斑纹瘦花天牛尤其喜欢蚊子草，但当归等伞形科植物也很受欢迎。在森林里窸窸窣窣鸣叫的不一定是蟋蟀，因为这种斑纹瘦花天牛也能发出类似的声音。斑纹瘦花天牛在落叶树的枯木中产卵，其幼虫会在此生活3年之久。成虫化蛹后只能存活2～4周——这也是斑纹瘦花天牛与许多物种共同的命运。其分布范围从欧洲各地一直延伸至中东。

特征

躯干黑色，鞘翅带黑黄色相间的条纹和波点。触角长，带同样的黑色和黄色花纹。身长可达20毫米。易与蜂形虎天牛（*Clytus arietis*）混淆，但后者触角较短，且身形与黄蜂相似。

栎黑天牛依赖染病的栎树生存，
然而这种树在
德国森林中几乎没有了

栎黑天牛

拉丁名：*Cerambyx cerdo* | 天牛科

栎黑天牛已经非常罕见。这是因为它们寄生在特定的树木：古老、粗壮且染病的栎树。这些垂死的栎树树皮剥落，或是遭遇雷电风暴的破坏，这一切都有一个共同作用：形成潮湿的枯木。当树的一侧仍保留着完好的树皮还流淌着汁液，而另一侧的木质却在没有保护的情况下被风化。现代林业过早地清除了染病的栎树，以便为健康的树木腾出空间。然而，在栎黑天牛幼虫长达4年的发育期里，它们需要潮湿的枯木。此外，一旦栎黑天牛认准了某一栖息地，就不会轻易改变。因此，当所有粗壮且染病的栎树都消失时，栎黑天牛也就绝迹了。

特征

躯干黑褐色，前胸侧板有毛刺，触角由许多小节组成，长度与身长相近（雌虫），有时甚至达到身长的两倍（雄虫）。身长可达52毫米。

欧洲大步甲
喜欢在阵雨后猎食

欧洲大步甲

拉丁名： *Carabus coriaceus* | 步甲科

欧洲大步甲是捕捉蜗牛的好手，主要在晚上捕食。一旦发现猎物，它就会向对方喷洒具腐蚀性的消化液。待蜗牛壳被溶解后，欧洲大步甲就津津有味地吸食起来。欧洲大步甲虽然在地上很厉害，但在空中却表现很差：它几乎不会飞。它们抵御敌人的方法并不是逃跑，而是向敌人喷洒一种发臭的液体。在阵雨后或其他潮湿的天气里，我们容易观察到它们，因为雨后很多蜗牛出现在路面上。白天，当欧洲大步甲在寻找藏身之处时，偶尔会落在地窖井里。它们的大个头可能会惊吓到一些人。

特征

体黑色，鞘翅表面与皮革相似，无光泽。头部有强大的口器。身长40毫米。

疆星步甲偶尔
也泛红色光泽

疆星步甲

拉丁名：*Calosoma sycophanta* | 步甲科

疆星步甲算是林务员的朋友。大胃口的疆星步甲每年要消灭数百只毛毛虫和飞蛾。森林中的飞蛾通常被认为是害虫，因为其幼虫会啃食针叶，所以森林里十分欢迎疆星步甲这位帮手。包括北美地区在内的很多国家都引种饲养了疆星步甲，以防治一种飞蛾——舞毒蛾。不过，一直以来经常被忽略的是，疆星步甲也会捕食珍稀物种，只因它们味道不错。疆星步甲的幼虫与成虫捕食同样的猎物。它在白天捕食，喜欢爬树。虽然隶属于步甲科，但它同样善于飞行。

特征

身体带金属光泽，胸部泛蓝。鞘翅泛绿，且带纵沟纹。身长可达28毫米。

杂色虎甲的颜色
与干燥的沙地相近

杂色虎甲

拉丁名：*Cicindela hybrida* | 虎甲科

杂色虎甲需要干燥温暖的天气，这样的天气更利于其活动。因此，人们只能在仲夏时节观察到它们，并且是在光照充足、干燥的森林中。杂色虎甲在此猎杀昆虫，其奔跑速度极快，能用有力的上颚抓取猎物并送入口中。杂色虎甲只会出现在沙土上，因为其幼虫在沙土上挖掘地穴。这些洞长达50厘米，表面用疏松的沙土封闭。饥饿的杂色虎甲幼虫在这里潜伏着，伺机猎食经过的昆虫，一有动静，它就迅速从地洞中伸出头，咬住猎物。大约16个月后，幼虫发育完成，开始了作为甲虫的生活。北至斯堪的纳维亚半岛，东至西伯利亚，都有杂色虎甲出没。

特征

体铜棕色，鞘翅带白色波浪纹，头大，大眼十分显著。身长约15毫米。易与欧洲高山虎甲（*Cicindela sylvicola*）混淆，但后者两眼间有绒毛，且不生活在低海拔地区（正如其名）。

金星步甲
仅在夜间猎食

金星步甲

拉丁名：*Carabus auronitens* | 步甲科

金星步甲喜欢阴暗、潮湿的落叶林。它们在夜间猎食，其猎物是任何能获得的东西。蚯蚓、蝴蝶毛毛虫、蜗牛和昆虫，抓到什么就吃什么。作为典型的森林居民，金星步甲甚至会爬到树上猎取食物。因为它不像其他步甲那样需要温暖的阳光，所以远至阿尔卑斯山的高海拔地区都有其踪迹。然而，金星步甲不会出现在北欧，因为那里的冬天太长了。日间和寒冷的季节，金星步甲会躲在腐烂的树干里或树叶深处。它的猎物毛毛虫被认为是林业害虫，因此金星步甲虽并不罕见，却也是保护动物。

特征

身体泛绿，带金属光泽。鞘翅有深色纵沟，第一个足节为橘棕色。身长可达36毫米。易与金步甲（*Carabus auratus*）混淆，但后者白天猎食，且鞘翅上的纵沟颜色较浅。

紫闪蛱蝶是
为数不多真正的林生蝴蝶

紫闪蛱蝶

拉丁名：*Apatura iris* | 蛱蝶科

紫闪蛱蝶是为数不多的只生活在森林或其边缘的大型蝴蝶。它们需要树木尤其是沙柳，以完成交配。其绿色的幼虫以沙柳树叶为食。两个触角让它们看起来就像鼻涕虫，人们能以此加以识别。孵化出来的蝴蝶不会停在花上，而是在潮湿的林间小路上，或在排泄物和腐尸上。没有沙柳的地方，紫闪蛱蝶也消失了。不幸的是，这种树在林业中被认为是杂树。在商业林中，沙柳定期被移除，因此如今紫闪蛱蝶也变得稀少了。

特征

翅膀深棕和灰色相间，雄性带明显的蓝色光泽，从后翅到前翅分布着白色半弧形斑纹。身长约6厘米。易与柳紫闪蛱蝶（*Apatura ilia*）混淆，但后者翅膀边缘呈橘色。

优红蛱蝶

拉丁名：*Vanessa atalanta* | 蛱蝶科

优红蛱蝶是众多田间蝴蝶中的一种，同时也在森林中出现。随着大规模伐木活动及道路的拓宽，沿途长出大量的花草，优红蛱蝶得以穿越空地到达森林。按理说，这样的蝴蝶在古老的原始森林里是不受欢迎的。那里地面阴暗，芬芳的鲜花无法生长。山毛榉、栎树等每隔几年才开一次花，并且只能靠风来授粉。因此，原始森林不适合优红蛱蝶这类昆虫。优红蛱蝶每年从南欧迁徙到德国，在荨麻上产卵。孵化出的幼虫用掉落在地上的已发酵的浆果补充能量，随后在秋季它们又返回南方。

特征

前翅呈深棕色，带橘色条纹和白色波点，腹部花纹不那么清晰，但也十分多彩。翼展可达65毫米。

优红蛱蝶的
迁徙路线与
候鸟相同

翅膀的腹面也
缤纷多彩

欧洲松毛虫

拉丁名：*Dendrolimus pini* | 枯叶蛾科

松毛虫是一种可怕的森林害虫。其幼虫非常贪食，从幼虫孵化到变成成虫，体重增加近千倍。松毛虫最喜欢的食物是松针，松针往往被吃得只剩光杆。在虫害严重的林地，人们可以清楚地听到粪便从树上掉落的声音。它们一直进食，直到所有的枝条都变得光秃秃的。在极端的情况下，它们会迁移到邻近的林地继续觅食。因此，最重要的对策是加种落叶树或将森林恢复为栎树和山毛榉林。然而，这种措施实施起来非常缓慢，更常用的方式是用直升机喷洒杀虫剂。

特征

翅膀灰棕色，带树皮花纹，有毛。两侧翅膀各带一小白点。翼展可达90毫米。

近景图片：
人们每年用农药
防治松毛虫

幼虫冬眠，
开春后继续进食

苹蚁舟蛾

拉丁名：*Stauropus fagi* | 舟蛾科

在某一树种的自然分布区域内，大多数“害虫”几乎不会对其造成真正意义上的威胁，苹蚁舟蛾就是一个很好的例子。由于中欧大部分地区曾被原始山毛榉林覆盖，山毛榉在这里应付自如、生命力顽强，蛾子很难伤害到它。苹蚁舟蛾的幼虫有着很奇怪的外观。其腹脚很长，头高高抬起，后腹部有两根“天线”。在危险的情况下，它们会竖起“天线”，以示警告。如果这还不够，它们就喷洒蚁酸。在没有山毛榉树的情况下，苹蚁舟蛾也会在桦树、枫树或欧洲鹅耳枥上产卵。

特征

翅膀灰棕色，淡淡的花纹，翅膀中部有若影若现的一条折线，后翅宽阔，静止时后翅远低于前翅，呈仰望姿势。翼展可达60 毫米。

苹蚁舟蛾虽
啃食树叶，
但几乎不对树木
本身造成伤害

苹蚁舟蛾幼虫的
外形独特

栎列队蛾

拉丁名：*Lasiocampa quercus* | 枯叶蛾科

栎列队蛾经常出现在新闻报道中。其幼虫往往群居，并以列队的方式在栎树树干上行进。成年栎列队蛾全身布满毒毛，毒毛容易折断，让人瘙痒难耐甚至产生过敏反应。即使是在毛虫死掉以后，其毒毛的毒性也能持续数年。难怪这种飞蛾一出现，政府就立刻警觉，并启动生化防控措施。在自然条件下，单一的栎树林并不存在，往往与其他落叶树以一定的比例混合。在这样的混交林里，栎列队蛾没有大规模繁殖的机会。栎列队蛾毛虫的出现正说明该林区存在某些问题。

特征

翅膀灰色，带两条深色的横纹。展翅宽度约30毫米。深色的毛虫往往成群结队地出现，有白色绒毛，随后结大茧化蛹。

栎列队蛾：
对生态失衡的
森林来说，
它是危险的害虫

栎列队蛾毛虫
列队行进

秋尺蛾

拉丁名：*Operophtera brumata* | 尺蛾科

在秋尺蛾中，只有雄蛾有飞行能力。雌蛾只有短翅，不能飞行。因此，雌蛾只能在树干上从下往上爬行。它们也在这里交配，在树皮表层或落叶树的芽上产卵。虫卵在春天孵化，幼虫开始啃食发芽的叶子。虫害严重时可能导致光秃现象。雌蛾虽然不能飞行，但秋尺蛾的分布范围却很广。幼虫会纺线，可借助丝线在空中穿行，类似于晚夏的小蜘蛛。秋季霜降时幼虫化蛹成蛾，成虫产卵后便死亡，仅存活几天。

特征

雄蛾的翅膀呈棕灰色，带横向宽纹。展翅宽度可达25毫米。雌蛾颜色与雄蛾相近，但雌性的翅膀已退化。

秋尺蛾也
侵害果树

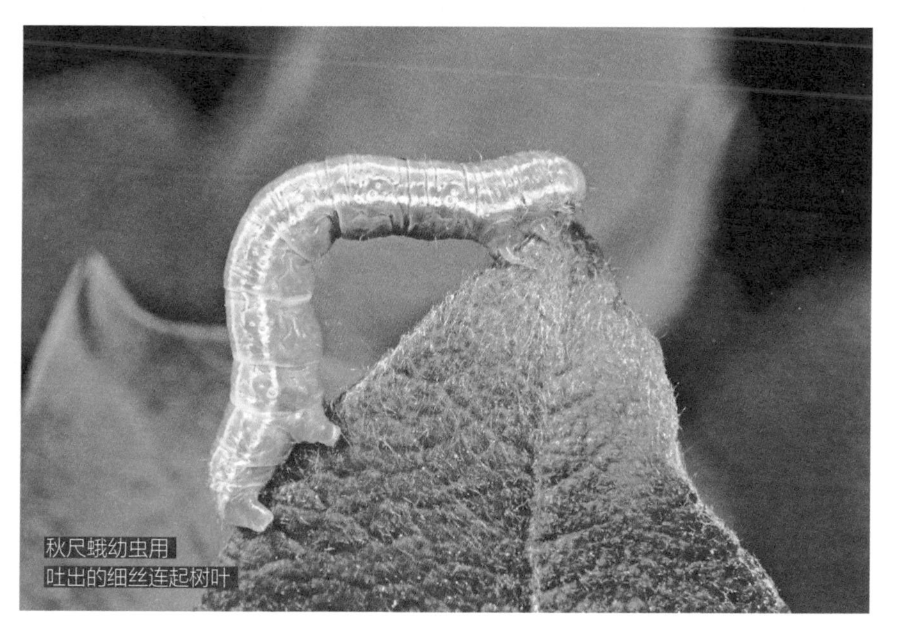

秋尺蛾幼虫用
吐出的细丝连起树叶

巢蛾

拉丁名：*Yponomeuta*[①] | 巢蛾科

巢蛾是群居生物。其幼虫在落叶树的树芽中冬眠，到了春天开始吐丝编织出大网。在巢蛾虫害严重时，所有灌木和树木都被丝网覆盖。这样一来，鸟类和其他天敌就很难再抓到它们，巢蛾幼虫就可以安心地啃食一片又一片的叶子，直到吃光为止。到了春末，它们化蛹成蛾，在夜间飞来飞去以觅偶。不同种类的巢蛾侵蚀的植物不同。例如苹果巢蛾（*Yponomeuta padella*），多见于刺梨和山楂树上，但有时也会出现在李子和樱桃树上，因为这些树种有亲缘关系。

特征　　编织大网，覆盖整片灌木丛或整棵树。春末或夏初虫灾结束。

① 此为巢蛾属拉丁名。——编者注

巢蛾的
幼虫往往群居

幼虫将灌木丛
啃得光秃秃，
随后又转移到另一处

蛛形动物

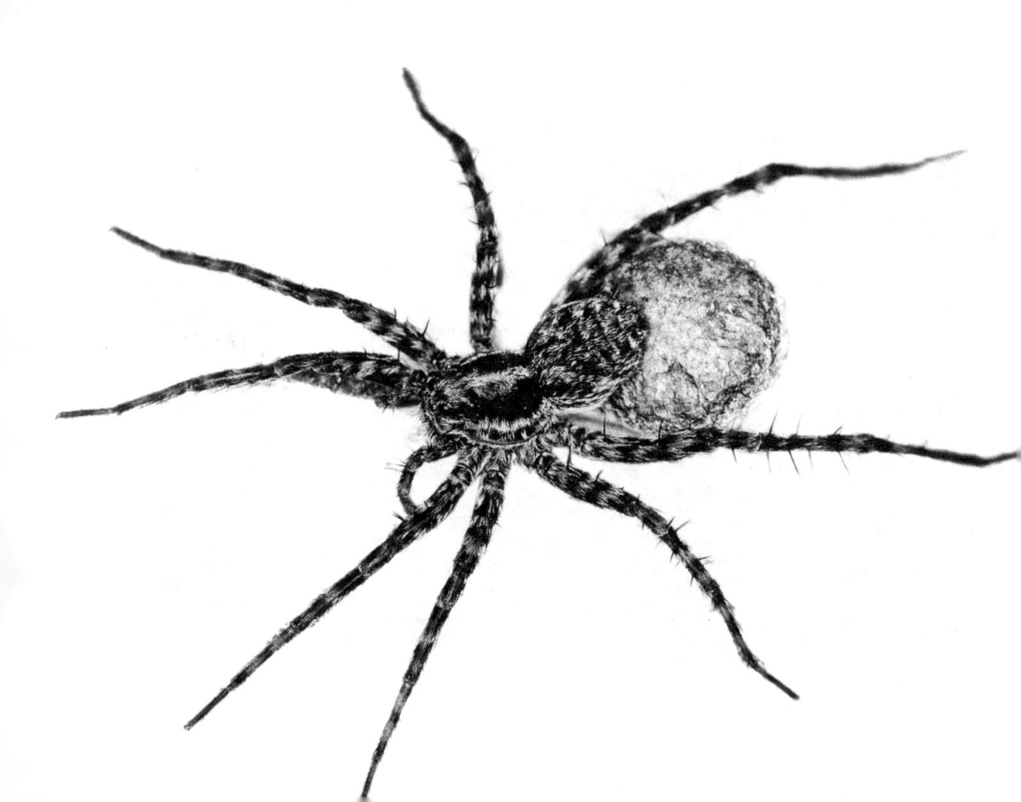

被蜱虫咬了，
得立刻把它从皮肤里拔出来，
不要扯烂

蓖子硬蜱

拉丁名：*Ixodes ricinus* | 硬蜱科

蓖子硬蜱，也叫蜱虫，是森林游客惧怕的虫子。它们潜伏在狍子、鹿或野猪经常出没小道的草木丛中，当动物们经过时就趁机钻进其皮肤，吸足血之后才会满意而归。在随后长达1年的时间里，它们慢慢等待下一个寄主。在第三次饱餐后，蓖子硬蜱完成最后一次蜕皮，随即交配产卵，其数量可达2000枚。之后，雌性死亡。人原本并非它们寻找的寄主，它们无意叮咬人类。蓖子硬蜱的唾液会传播疾病，可引发脑膜炎，或细菌感染，即莱姆病。究竟是否感染，只有在被咬伤后到医院验血才能确认。

特征

幼虫通体黑色，约1毫米，成虫带黑色盾板，红棕色腹部，空腹时约3毫米，吸足血后可达10毫米以上。

三角皿蛛

拉丁名：*Linyphia triangularis* | 皿蛛科

三角皿蛛是典型的秋蜘蛛，至少从森林访客的角度来看是这样。晨露时，成千上万的网覆盖在近地面的植被上。蜘蛛在网下潜伏着，等待猎物落网。三角皿蛛编织的网分为两层。底层结构紧密，类似于地面。三角皿蛛挺着肚子坐在这一层等待。其上方丝线交错。一旦有昆虫被线缠住，三角皿蛛就开始疯狂地抖动，直到受害者掉落到网底。猎物掉落网底后，三角皿蛛立即将其抓住，开始吸食。三角皿蛛对栖息地并不挑剔，可以是欧洲的任何森林，甚至是开阔的空地。

特征

身体棕色，带白色花纹，雌蛛后腹部的深色条纹更明显。其典型的网状结构由紧密的底网和上方任意交错的丝线组成。

三角皿蛛体形小，
难以被发现

双层网状结构——
紧密的底网和上方交错的丝线

十字园蛛

拉丁名：*Araneus diadematus* | 园蛛科

十字园蛛被认为是一种危险的蜘蛛，据说有毒，并且会引起剧痛。十字园蛛是德国本土最大的蜘蛛之一，其腹部尤其突出，因此我们愿意相信这样的恐怖故事。事实上，人类的皮肤很难被它们咬破，即使被咬了，也不如荨麻的一根毛刺造成的疼痛来得明显。十字园蛛的网呈轮状，几根横向丝线将许多向外辐射的丝线连接起来，排列均匀。它倒坐在微带黏性的网背面，用前腿抓住两根丝线，以此来感知是否有猎物落入网中。十字园蛛的交配过程十分残忍：交配完成后，雄蛛通常会成为雌蛛的盘中餐。

特征

身体棕色和灰色相间，后腹部带十字花纹。身长可达18毫米（除去足部）。易与方园蛛（*Araneus quadratus*）混淆，但后者背部有“双十字”花纹。

十字园蛛是无害的，
只是其硕大的体形有些吓人

与十字园蛛相反，
方园蛛不会攀附在网中央，
且花纹不同

狼蛛

拉丁名：Lycosidae[1] | 狼蛛科

狼蛛捕食时不用网，它是步行者。但这并不意味着它不能吐丝，它更喜欢将蛛丝填充在地下或石块间，铺设巢穴。尤其在炎热的夏天，看着这些小猎手们的身影，算得上是一种享受。这时已经达到了适宜的猎食温度，它们开始捕捉苍蝇和其他昆虫。狼蛛对幼蛛爱护有加。包裹着卵的茧附着在其腹部，去任何地方都拖着，时刻保护着它们。孵化出来的小蜘蛛立即爬到雌蛛的背上，骑在妈妈的背上安全地在大自然中行走。

特征

身体多为棕色，身长约12毫米。易与跳蛛（Salticidae）混淆，但后者大多体形较小，且颜色更突出，例如带斑马纹。跳蛛常昂起头，呈观察者姿态。

① 此为狼蛛科的拉丁名。——编者注

狼蛛不结网，
也没有双层网状结构

跳蛛纵身一跃
捕食猎物

蜗牛类

烟管螺需要大量枯木

烟管螺

拉丁名：Clausiliidae[1] | 烟管螺科

烟管螺是敏感的森林居民，需要大量的枯木。枯木并不用于取食，它们在藻类、苔藓上或是在树干上猎食。枯木之所以对烟管螺如此珍贵，是因为朽木下土壤的钙质比其他土壤多得多。烟管螺需要钙质来形成花丝缠绕的烟管。平均每平方千米商业森林的枯木含有量不到1000立方米，但烟管螺所需枯木总量超过5000立方米。此外，烟管螺对枯木的依赖程度强于其他100种螺。因此，也难怪在很多地区烟管螺的数量骤减。

特征

细长的烟管壳，上端渐窄，约20毫米长。干旱时用钙质薄膜将壳封闭起来。

① 此为烟管螺科的拉丁名。——编者注

大灰蛞蝓
并不总是黑色的[1]，
也有许多颜色较浅的品种

大灰蛞蝓

拉丁名：*Limax cinereoniger* | 蛞蝓科

大灰蛞蝓是德国本地最大的蛞蝓。然而由于其主要是在夜间活动，因此不常见到。它们栖息在天然森林中，以死去的植物、藻类和菇类为食。日间，则躲在枯树树干里或树下。如今大灰蛞蝓已经变得很稀少，因为在人工种植的森林里往往缺乏其赖以生存的基础条件。也正是因此，在整个欧洲地区，这种蛞蝓的出现标志着该林区生态环境良好。从低地到2000米以上的高海拔地区均有它们的足迹。

特征

底色为黑色，背部颜色较浅，带波点或纹路，背上的盾板十分显著。身长有时可达20厘米以上，身形修长。易与黑阿勇蛞蝓（*Arion ater*）混淆，但后者没有盾板，且体形更宽大。

---

[1] 大灰蛞蝓在德语中叫作“黑蛞蝓”（Schwarzer Schnegel）。

盖罩大蜗牛

拉丁名：*Helix pomatia* | 大蜗牛科

盖罩大蜗牛是德国最大的陆生带壳蜗牛。它喜欢生活在落叶林中，也喜欢生活在灌木丛和花园中。它的壳由碳酸钙组成，所以它喜欢含碳酸钙的土壤，因为在那里它的壳能变得更厚。通常情况下，其外壳纹路是右旋的，但有几千分之一的概率会左旋。我们把这类罕见的个体称为“蜗牛皇后”。在非常干燥的时期，蜗牛壳开口处会形成一层薄膜，把壳封闭起来，这样它就不会因缺水而死亡。盖罩大蜗牛是可以食用的，但在德语国家是禁止捕捉的。因此，餐厅里用的蜗牛都是人工饲养的。在人工饲养的情况下，盖罩大蜗牛可以活30年。

特征

棕灰色外壳，直径可达5厘米。软体颜色与外壳相近，但较浅，长度可达10厘米。

红阿勇蛞蝓

拉丁名：*Arion rufus* | 阿勇蛞蝓科

红阿勇蛞蝓是园丁害怕的生物，或者说曾经是这样，因为在很多地区，这种吃绿色植物的大胃王被西班牙阿勇蛞蝓（*Arion vulgaris*）排挤走了。西班牙阿勇蛞蝓并非来自西班牙，而是法国南部。其黏液是苦涩的，因此不会受到捕食者的伤害。它也比其红色的近亲更能耐旱。但由于二者的颜色并不总是一成不变，而是在棕色和橙色之间变化，因此很容易混淆。如今，红阿勇蛞蝓已经被其竞争对手赶回了森林里，并且在森林里也很罕见。

特征

身体为单一的棕色至深橘色，身长可达15厘米，身体后半部布满沟壑（如栎树皮）。易与西班牙阿勇蛞蝓混淆，但后者颜色偏棕。

从泛滥成灾到稀有的
红阿勇蛞蝓

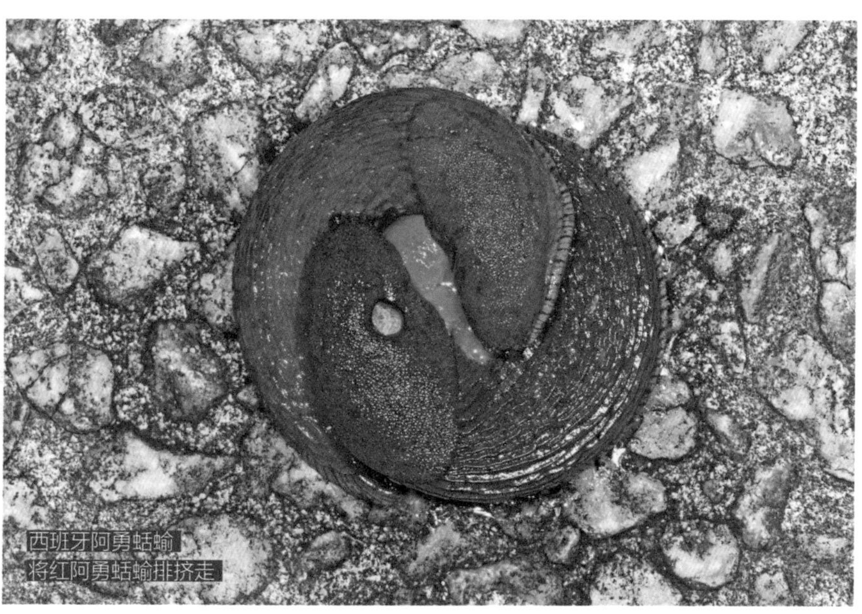
西班牙阿勇蛞蝓
将红阿勇蛞蝓排挤走

菌类

一些褐绒盖牛肝菌至今仍残留有切尔诺贝利核灾难泄漏的铯

褐绒盖牛肝菌

拉丁名：*Xerocomus badius* | 牛肝菌科

1986年，褐绒盖牛肝菌与切尔诺贝利核灾难一起登上头条新闻。当时，放射性铯-137泄漏，扩散至欧洲许多地区。由于铯的半衰期约为30年，所以至今许多森林的土壤中仍有铯的存在。褐绒盖牛肝菌是为数不多的能吸收大量铯元素的蘑菇之一。有关方面立即建议不要食用这种在当时十分流行的食用菌种。这在当时是正确的做法，现在却并没有必要了。一方面，如今只有部分地区受到放射性元素的污染；另一方面，铯元素主要存在于菌盖表层中，其作用是使菌盖变成褐色。因此为安全起见，将其去除即可。

特征

幼时菌管呈黄绿色，后颜色渐深，变为橄榄绿。受伤后明显变为蓝绿色。菌柄匀称，浅棕色，无网状纹路。易与绒盖牛肝菌（*Xerocomus subtomentosus*）混淆，后者也可食用，但其菌管呈蛋黄色，且较粗。

美味牛肝菌

拉丁名：*Boletus edulis* | 牛肝菌科

美味牛肝菌是食用菌中的佼佼者：容易辨认，不易混淆，非常美味，在厨房中用途广泛。美味牛肝菌通常与云杉生活在一起，而其他种类的牛肝菌（也可食用）则喜欢与山毛榉和栎树共生。细密的菌群围绕着树根，从而增加了树木吸收水和矿物质的有效面积。作为回报，牛肝菌获得植物光合作用产生的养分。这是许多种菌类的生存方式。

特征

成熟的菌盖呈棕色，菌管白色至黄色（老熟后呈绿色），个别菌柄十分肥大，呈白色至棕色，带隆起的网状纹路。菌盖受伤后不变色。易与夏牛肝菌（*Boletus aestivalis*）混淆，二者都可食用。

美味牛肝菌，
又被称作云杉牛肝菌，
是食用菌中的明星产品

夏牛肝菌的菌盖颜色更浅，
柔软得像丝绒

魔牛肝菌

拉丁名：*Boletus satanas* | 牛肝菌科

正如其名，魔牛肝菌确实是个小恶魔①。它会引起严重的消化道不适。幸运的是，由于其红色的菌柄，很难与其他牛肝菌混淆。而且它只出现在少数森林中（钙质土壤上的轻度落叶林）。近几十年来，由于森林开伐，它变得越来越稀少。这也是它被列为濒危物种的原因。魔牛肝菌很容易与其近亲混淆，如丽柄牛肝菌（*Boletus calopus*）。因为二者都是有毒的，所以无论如何都要远离红柄菇。

特征

菌盖与美味牛肝菌相似，呈棕色（幼时菌管浅黄，随后从红色泛绿转为深红）。红色菌柄十分显著（熟成的过程中颜色渐深）。与丽柄牛肝菌相似，但后者菌柄上端呈黄色。

① 细网牛肝菌德语名称为“Satansröhrling”，其中“Satan”意为魔鬼撒旦。

难以下咽的
苦粉孢牛肝菌，
完全名副其实

苦粉孢牛肝菌

拉丁名：*Tylopilus felleus* | 牛肝菌科

正如其名，苦粉孢牛肝菌和胆汁一样苦，还未煮熟的时候尝一下马上就会发现这一点。大多时候只需要舔舔菌盖，就能辨别出它来。虽然没有毒性，但它的味道让人无法下咽。不过在极少数情况下，某些菌株去除了大部分苦味物质。将它们同其他菌类一起吃下去，对我们的健康不会有伤害。虽然苦粉孢牛肝菌原本的栖息地是针叶林，但它也会出现在落叶林中。它很容易与美味牛肝菌混淆。因此，建议在做饭前尝一尝，因为一颗苦粉孢牛肝菌就能毁掉一餐饭。

特征

与普通牛肝菌极为相似。受伤后，菌盖变为赤褐色。菌柄带深色网状纹路。与美味牛肝菌区别在于菌管，其菌管为白色，老熟后泛红棕色，且味苦。

褐疣柄牛肝菌和它的宿主桦树很像

褐疣柄牛肝菌

拉丁名：*Leccinum scabrum* | 牛肝菌科

从其名字便可得知，褐疣柄牛肝菌的宿主是谁[①]。它和所寄生的树之间的关系看起来如此亲密，以至于其菌柄就和白桦树干的颜色一样。得益于现代林业，它成了一种不错的食用菌。在我们的原始森林中，桦树曾经十分稀少，但由于植树造林，它现在成为多数树种，分布广泛。在桦树生长的地方，褐疣柄牛肝菌时常相伴。在鉴别时这也是一种确认的方法。在煎锅里，其美味的菌帽往往会化作一团黏糊糊的东西，因此它和其他菌类混在一起更美味。老熟的菌柄口感会变得非常柴。

特征

菌盖棕色，菌管白色，老熟时呈白灰色。菌柄带白色鳞状纹路（与桦树相似）。易与桦树的其他菌种混淆，例如异色疣柄牛肝菌（*Leccinum versipelle*），也可食用。

① 其德语名称为“Birkenpilz”，直译为“桦树菌”。

毒蝇伞

拉丁名：*Amanita muscaria* | 鹅膏科

毒蝇伞是菌类中的明星：没有哪种菌类被如此频繁地用于装饰贺卡，或制成塑料制品摆放在客厅的书架上。它完全不能食用，但看起来十分漂亮，红帽白点，简直就像一只“蘑菇瓢虫”。它喜欢和桦树一起生长，但也可能出现在其他树种下。北半球的人都曾使用毒蝇伞的毒素，因为它可以使人产生幻觉。大量食用时才会致命，但经常吃也会对内脏造成严重损害。

特征

红帽白点，白色颗粒状鳞片会脱落，因此偶尔熟成后仅为单一的红色。菌柄白色，其上端有菌环着生。易与橙盖伞（*Amanita caesarea*）混淆，但后者没有白色鳞片，菌盖为橘色而不是红色。

鸡油菌

拉丁名：*Cantharellus cibarius* | 鸡油菌科

鸡油菌在阿尔卑斯山地区也被称作“鸡蛋海绵”（Eierschwamm）。除牛肝菌之外，鸡油菌也深受采集者欢迎。鸡油菌分布广泛，横跨几大洲，而且对树种的要求并不苛刻，几乎所有地方都有它的踪迹。不管是栎树还是山毛榉，云杉还是松树，只要土壤成分合适，就随处生长。至少曾经是这样的。现代林业的重型设备碾过土壤，对它造成了一定影响。如果再加上农业和交通释放出的氮气或其他空气污染物的影响，鸡油菌可能会从森林中消失。

特征

鲜艳的黄色，幼时有菌帽，熟成后变为漏斗状。花边从菌盖外沿一直延伸至粗壮的菌柄。生食有胡椒味，与杏的味道有些相似。易与橙黄拟蜡伞（*Hygrophoropsis aurantiaca*）混淆，但后者颜色偏橘，且菌柄较细。

鸡油菌没有菌褶，
而是在菌柄上长着上翘的花边

橙黄拟蜡伞有菌褶，
且菌柄较细

蜜环菌在树皮下结成菌索，
最终会导致宿主死亡

蜜环菌

拉丁名：*Armillaria mellea* | 泡头菌科

德国本土存在7个蜜环菌品种，相互之间很难分辨，它们也都不是树木的好朋友。其菌丝，即地下的白色芽管，能穿透云杉、山毛榉、栎树等树种的根部。它们在树皮中向上生长，形成扇形的白色菌体。起初它们主要从韧皮部（树皮的最内层）汲取树的糖分和养分，通过类似绳索的组织往外输送。这些黑色菌索与根的结构相似，是真菌的一种特殊组织。但蜜环菌并不满足于甜蜜的物质，在进一步的生长过程中，它继续侵食木头，让树木腐烂，最终导致宿主死亡。

特征

黄色或棕色的菌帽，带鳞片，菌盖底部长着菌褶。菌柄白色棕色相间，带鳞片状菌环。常出现在灌木丛中。在树皮下结成粗壮的黑色菌索。食用需谨慎。

红缘拟层孔菌总是横向生长

红缘拟层孔菌

拉丁名：*Fomitopsis pinicola* | 拟层孔菌科

红缘拟层孔菌属于少数几个能存活很多年的菌种之一。它在各类受损树木上繁殖，但更偏爱山毛榉和云杉。它在木头中生长，以木质纤维为生。最终树干内部破裂成褐色的块状物，继而解体。树皮外长出半圆形的菌体，孢子从朝下的菌管中缓缓释放。如果树倒了，红缘拟层孔菌则会关闭这些通道，并在之前的组织上长出新的菌体。因为孢子无法从横向的菌管中释放出来，所以需要新菌体。

特征

菌体呈半圆形，侧面与树干相连。菌盖表面呈红色至黑色，红缘，背面分布着菌管，颜色为白色至灰褐色。菌体宽度可达30厘米。

白鬼笔

拉丁名：*Phallus impudicus* | 鬼笔科

在完全长成后，白鬼笔的外形有些少儿不宜，这也是它的拉丁名的出处[①]。其幼体的外观同样奇特：俗称“巫婆蛋”，有鸡蛋大小，可以食用。它就像蛋白一样有一层薄膜，食用前应先将外皮去除。形似阳具的菌帽几天后从“蛋”中萌发出来，仿佛一顶深橄榄绿色的“帽子”。几米开外，都能闻到白鬼笔散发出的腐臭味，吸引来苍蝇。苍蝇停在菌帽上吸收液体，同时帮它传播孢子。

特征

幼体白色，浑圆，鸡蛋大小，长成后菌柄呈白色，带橄榄绿色菌帽，菌帽具网状纹路和小孔。散发浓烈的腐臭味。高约20厘米。

① “Phallus”在拉丁语中指勃起的阴茎。

白鬼笔吸引来苍蝇，
让苍蝇帮它传播孢子

白鬼笔幼体“巫婆蛋”
还没发臭，可食用

乔木和灌木

野生动物尤其喜欢啃食欧亚花楸，
因此常常只剩下光秃的树枝

欧亚花楸

拉丁名：*Sorbus aucuparia* | 蔷薇科

欧亚花楸又名“山鸟喜花楸”，是一种全能型植物。它在欧洲随处可见，无论是低地还是山区，为许多昆虫和鸟类提供了栖息地和食物。从林业的角度来看，其价值不菲，因为它的硬木可用于制作家具和墙板，加工后表层形成美丽的花纹。一立方米可以卖到几千欧元，是其他木材的好几倍。因此，我们或许在每一片商业林中都能找到它的身影，但它的味道给它带来了灾难：它是鹿等野生食草动物的最爱，因此几乎在任何地方都被啃食得仅剩下“灌木”，尽管其高度原本可达25米。与普遍的看法相反，它红色的浆果是可以食用的，尽管非常苦。

特征

树皮呈灰色，带有蔷薇科植物典型的横纹。奇数羽状复叶，叶片长度可达20厘米。白花簇生，随后结出橘色的浆果。

欧洲冷杉

拉丁名：*Abies alba* | 松科

对于林区的健康来说，欧洲冷杉是最佳的针叶树种。与云杉和松树的针叶不同，它的针叶几乎没有酸性，既可作为地面动物的美食，同时也能产生良好的腐殖质。在中低纬山区，它通常和山毛榉在同一区域生长。在林业专家看来，它是针叶树中的“落叶树”。即使是在被压实的缺氧土壤中，其主根也能垂直深入土地，再生出根系。由于欧洲冷杉能很好地应对干燥的夏季，在未来全球变暖的背景下，它成了热门植物。可惜的是，其幼苗常被鹿和狍子吃掉，因此在很多地方欧洲冷杉变得稀少了。

特征

树皮呈银灰色（与云杉树皮的棕灰色相反），针叶柔软，背面有两条气孔带。老熟后，树冠往往像一个扁平的“鹳巢”。球果在树枝上裂开，并不掉落地面。

欧洲冷杉树下
从不出现掉落的球果

球果开裂后
仍留在树枝上

欧洲云杉

拉丁名：*Picea abies* | 松科

欧洲云杉是针叶林中的树种，喜欢凉爽、潮湿的环境。除极北地区以外，通常只在中低纬山脉的高海拔地区和阿尔卑斯山地区出现，因为这些地区有着相似的气候。如果在低海拔地区进行人工栽培，由于这里夏季较长，因此云杉生长速度较快，能达到较高高度，但这也会让风暴给其造成较大面积的灾害。此外，欧洲云杉被栽种在曾经作为农用地的紧实土壤中，这意味着它只有浅浅的根，因此容易倒伏。它因此获得了“浅根”的标签，虽然它原本可以扎入深土。此外，低海拔地区气温较高，容易导致其缺水。缺水的病树很容易因树皮甲虫而枯亡。

特征

树皮呈棕色，没有深壑，针叶尖锐，球果长度可达19厘米（与冷杉不同的是，其球果会掉落到地面）。

欧洲云杉的嫩芽富含维生素C，可以食用

欧洲云杉球果修长，会完整地从树上掉落

欧洲赤松

拉丁名：*Pinus sylvestris* | 松科

欧洲赤松和它的近亲云杉一样，来自遥远的北欧。在德国，它只能在极端的地方生存，比如干燥的内陆沙丘，栎树和山毛榉无法在那里生存。尤其是在德国北部和东部，人工种植的欧洲赤松面积很广。一般来说，赤松木材的价格要比其他针叶树低得多。此外，其针叶易造成森林火灾，再加上蝴蝶喜欢吃赤松针叶，导致种植赤松的经济效益进一步降低。但因为鹿和狍子不喜欢这种扎人的绿色植物，因此在野生动物较多的地方，为了能从根本上挽救森林，种植赤松往往是迫不得已的最终防御手段。

特征

树干下端树皮带沟壑，呈棕灰色，上端树皮光滑，呈橘色。针叶尖锐，微微扭转，两针一束。球果长度约5厘米。易与欧洲黑松（*Pinus nigra*）混淆，但后者树皮为黑色。

欧洲赤松有着
典型的平整的树冠，
且树干上端树皮呈橘色

典型的欧洲赤松
针叶和球果

欧洲落叶松

拉丁名：*Larix decidua* | 松科

和云杉一样，欧洲落叶松也是山区和泰加地区（此处指北部山区的森林）的产物。在低海拔地区栽培时，普遍会遭遇暴风雨和树皮甲虫侵害。自从引进日本落叶松（*Larix kaempferi*）后，德国本土的落叶松就濒临灭绝了，因为两者相互授粉，形成杂交，原生树种就慢慢消失了。在低海拔地区栽培落叶松，原则上也是不可行的，因为树木往往长得歪歪扭扭。少数笔直有望成材的树干却常常感染“落叶松癌”，这来源于一种破坏木材的菌类，它会导致树木破口流液。在寒冷的季节，落叶松特别容易辨认，因为秋天其针叶会掉落。

特征

粗糙的树皮，幼枝泛黄。针叶柔软，一簇簇地生长，在秋天掉落。球果鳞片紧密排列。日本落叶松的落叶泛红，球果鳞片上翘，俯看似一朵玫瑰。

春天，欧洲落叶松
会萌发出嫩绿的新叶

日本落叶松的
球果及修长的针叶

花旗松

拉丁名：*Pseudotsuga menziesii* | 松科

花旗松来自北美西部，在中欧地区的栽培历史已有约100年。其长势令人印象深刻，在高海拔地区其高度可以超过水杉。与栎木相似，花旗松木材具有天然的保护作用，可抵御真菌，因此常被用于制作户外用品。由于需水量比云杉少一些，因此在应对气候变化方面，花旗松被视为云杉的替代树种。今天我们知道，花旗松的耐热性和抵御暴风的能力实际被高估了。对于森林生态系统来说，引入外来物种是一场灾难：我们的本土物种几乎对它束手无策，只有甲虫和真菌中的少数全能型种类能在花旗松种植园中存活。

特征

幼树树皮灰色，有裂开的树脂道，老树树皮呈棕灰色，深裂。针叶呈绿色，带蓝色气孔带，碾碎后散发糖渍橘皮香味。球果的苞鳞突出，先端三裂。

林务员和环保主义者
对新来物种
花旗松的看法不一

老树树皮
典型的沟壑

欧洲红豆杉

拉丁名：*Taxus baccata* | 红豆杉科

欧洲红豆杉是个影子艺术家，曾经也是如此：由于很难长到15米以上的高度，因此在原始森林里它总是生长在栎树和山毛榉之下，只能利用巨型树木留给它的一点光线。红豆杉木柔韧性好，这恰好为它带来了灾难。人们用它来制作长弓，射出的箭可以刺穿骑士的盔甲。森林中所有的红豆杉都被砍倒，制造出数十万张弓，用于出口。而且，红豆杉树有毒性，农民为了保护牲畜，将它们清除。如今有红豆杉生长的森林已经非常罕见，只有少数像上巴伐利亚州帕泰泽尔地区这样的红豆杉林。

特征

树皮呈棕色，局部泛红、泛绿或呈灰色，呈鳞片状剥落。树干多扭转，深壑，像多棵树的集合。针叶正面深色，背面浅绿。种子着生于红色肉质假种皮中。

欧洲红豆杉
典型的针叶及红色的假种皮，
针叶柔软，呈深绿色

红豆杉如今多出现在花园中，
图中为一棵古老的红豆杉

欧洲水青冈

拉丁名：*Fagus sylvatica* | 壳斗科

欧洲水青冈[①]曾是中欧原始森林的最大组成部分。因为堆积起来的欧洲水青冈叶能产生最好的腐殖质，且叶冠荫蔽，具有调节森林温度的作用，因此它被称作“森林之母”。在炎热的夏天，欧洲水青冈林中的温度比松树林低10℃。从自然保护的角度来看，到达200年树龄后，欧洲水青冈变得特别有意思：啄木鸟以及真菌和昆虫的侵袭，导致树上形成所谓的“大洞穴”。在欧洲水青冈的后半生，许多动植物在此安家落户，其中一些是列入红色名录的珍稀物种，但不幸的是这样的老林只占德国森林的3‰左右。

特征

树皮光滑，呈浅灰色，叶缘微卷，叶全缘。每3～5年结一次果。种子形如修长的三角形坚果。

① 欧洲水青冈的俗名叫山毛榉，更为人们所熟知。——编者注

即使在冬天，
也容易识别出欧洲水青冈光滑的
浅灰色树皮

欧洲水青冈的种子是十足的能量包，
其中富含约 40% 的油脂

无梗花栎

拉丁名：*Quercus petraea* | 壳斗科

从本质上来说，无梗花栎是原始山毛榉林的伴生植物，其数量较少。只有在德国东部和干涸的南坡河谷上，它才成为主要景观。今天的栎树林，如斯佩萨特的栎树林，都是人工种植的。过去之所以推广这种树，是因为它的果实——橡子[①]，在秋季用作育肥猪仔。所以当橡子产量高的时候，我们仍说这是个“肥年”。与无梗花栎对应的还有有梗的夏栎（*Quercus robur*），二者可以杂交。有科学家认为，它们同属一个物种，是其中的两个种群。传说中树龄千年的老栎树几乎不存在，往往在500年左右，栎树就走到了生命的终点。

特征 树皮带裂纹，呈灰褐色。叶子浅裂。果实（橡子）着生于短柄即为无梗花栎，长柄则为夏栎。

① 橡树为栎树的通称，栎为分类法中的规范中文名。相对于“栎树”，“橡树”更被人们所熟知。对于树种，本书采用“栎”；对于其果实，仍采用“橡子”的称呼。——编者注

无梗花栎生长在
山毛榉树无法存活的
干燥的地方

长柄意味着
这棵是夏栎

北美红栎

拉丁名：*Quercus rubra* | 壳斗科

北美红栎是一种进口树种，原产于北美东部。其叶子在秋天变成漂亮的鲜红色，因此常被种植在公园里。北美红栎在森林中也越来越常见，因为其生长速度比本地栎树更快，能创造更高的利润。然而，本地野生动物并不能控制住这一新来物种，即使没有人类的帮助，北美红栎也在不断蔓延。因此，以生态管理为目的的林业活动会避免种植北美红栎，其木材价值低于本土栎木也是其中原因之一。

特征

幼树树皮平滑，呈灰色，长成后变粗糙，但没有类似无梗花栎和夏栎树皮的沟壑。其叶片明显大于二者，且带突尖。

制造麻烦的落叶树
——北美红栎

正如其名，北美红栎的树叶在秋季变红

欧梣

拉丁名：*Fraxinus excelsior* | 木樨科

目前欧梣的情况不容乐观。新出现的一种名为“Ohlenhard”（*Hymenoscyphus pseudoalbidus*）的真菌，正在一片一片地杀死这一令人印象深刻的树种。真菌先入侵它的叶子，再侵蚀其枝条，最终树干枯死。但总有些树能存活下来，所以有抵抗力的欧梣有望繁殖开来。欧梣喜欢生长在湿润但不潮湿的地面上，常与枫树混生。欧梣的嫩芽包裹着一层“黑色外衣”，在阳光下能迅速升温。这一特殊策略让它在春天能更快萌芽。此外，由于其木质坚韧，常用于制作工具手柄。

特征

幼树树皮光滑，呈灰绿色，长成后树皮变粗糙，但比栎树裂纹更细小。树叶呈羽叶状，整体长度可达40厘米。黑色嫩芽呈三角形。

有多少欧梣
能抵御真菌入侵
还未可知

欧梣典型的黑色嫩芽

心叶椴

拉丁名：*Tilia cordata* | 椴树科①

心叶椴喜欢稍温暖的环境，因此更偏爱浅色的栎树林。从经济效益出发，人们也会在栎树林中种植椴树。由于很耐阴，所以它可以在巨型的栎树下生存。然而，它在村庄里并不太常见，因为其“兄长”——宽叶椴（*Tilia platyphyllos*）在这里占据了主导地位。宽叶椴也是典型的欧洲古树。二者实际上都能活到1000岁（与大多数栎树不同）。椴树花含有非常多的糖分，因此是重要的蜜蜂觅食场所。心叶椴木质较柔软，多用于雕刻。

特征

幼时树皮光滑，长成后带裂纹。树叶呈心形，6厘米大小，背面脉腋间簇生橙色髯毛。而宽叶椴的髯毛呈白色，叶片较大（且正面有毛）。

① 椴树科为旧分类法中的科名，新分类法中归入锦葵科。——编者注

心叶椴能很好地
适应气候变暖

花朵绽放的宽叶椴，
这些花可用于治疗感冒

人们用含甘草膦的农药扼制野黑樱桃的扩散

野黑樱桃

拉丁名：*Prunus serotina* | 蔷薇科

野黑樱桃是森林里的替罪羊。人们将这一物种从北美引入欧洲，因为它在原产地能长成很好的木材，而且外观漂亮。但在德国，它变成低矮的“灌木”，并蔓延至整个林区，尤其是在松林中。因此，它被当作是一个具有侵略性的外来物种。但事实上，是由于人为投食导致鹿和狍子数量过多，山毛榉树等面临着被吃光的危险，野黑樱桃因为有毒而幸免于难，其繁殖速度因此远超本地树种。

特征

树皮光滑，呈深棕色，有樱树典型的横纹（即皮孔）。条形叶片，叶缘呈锯齿状，叶表带光泽。白色樱花成总状花序，结黑色浆果。易与稠李（*Prunus padus*）混淆，但后者叶表无光泽。

单子山楂的果实可以食用，却淡而无味

单子山楂

拉丁名：*Crataegus monogyna* | 蔷薇科

单子山楂之所以得名，是因为它的花只有单一的花柱。其平均高度为2～5米，枝条上长着长约2厘米的刺。春天，树上开满了成千上万朵白色的花，它们是昆虫的重要食物来源。单子山楂有刺，可以很好地防御大型食草动物。如今由于森林中的大型食草动物比原来多，灌木的一大优势就是能抵御它们的啃食，因此山楂树分布范围逐渐扩大。

特征

树枝带刺，树叶3裂或7裂，三分之二的叶面开裂。白花，红果可食。易与钝裂叶山楂（*Crataegus laevigata*）混淆，但后者的叶裂仅位于叶面中部以下。

垂枝桦

拉丁名：*Betula pendula* | 桦木科

垂枝桦又叫“沙桦”（Sand-Birke），从瑞典至西班牙都有分布，是真正的先锋树种[①]。它是第一种在无林地区扎根的树木，并在那里以惊人的速度生长。到达20年树龄时，其高度可达23米，是其他大多数树种的两倍多。但此后它很快就精疲力尽了，只能缓慢增长。为了不被多年后在自己身边扎下根来的山毛榉、云杉等树种轻松超越，即使没有什么风，垂枝桦也会不断摇晃着垂下的枝条。这样一来，其他树木的树冠就被拨散，垂枝桦因此获得了繁衍的喘息之机。垂枝桦的种子能在风中飞越数百米，去寻找新的栖息地。

特征

白色树皮，不久后开裂，裂开处变为灰黑色。叶片三角形，叶缘呈双锯齿状。易与柔毛桦（*Betula pubescens*）混淆，但后者没有垂枝，且多出现在沼泽地区。

① 指能自然更新生长成林的树种。——编者注

垂枝桦纤细的
枝条低垂下来。
在远处就能看到它白色的树皮

春天垂枝桦的嫩叶

欧洲桤木

学名：*Alnus glutinosa* | 桦木科

欧洲桤木与豌豆等豆类植物一样：利用根瘤中的细菌，从空气中获取氮元素。作为回报，寄生生物得到糖和其他营养物质。桤木是生活在水源附近的典型树种，也经常出现在溪边和沼泽边。因此，在所有特别潮湿的地区，都种植有这种树木，施普雷森林（Spreewald）就种植着大面积欧洲桤木。近年来，那里持续发生水灾，整片桤木林的死亡表明桤木根本不喜欢这类环境。

特征

幼时树皮光滑，呈棕绿色，有浅色的皮孔，长成后树皮接近黑色，有裂缝。叶片呈倒卵形，叶缘双锯齿状。浆果形似球果。易与灰桤木（*Alnus incana*）混淆，但后者更似灌木，长成后树皮仍光滑，有皮孔。

一棵落叶树长着球果状的浆果？
那一定就是桤木

欧洲桤木喜欢在水源附近生长

欧洲山杨

拉丁名：*Populus tremula* | 杨柳科

欧洲山杨也叫白杨，是个真正的战士。它可以在休耕地上繁殖，甚至可以经受住草食动物的大量啃食。它的根系能够分蘖，形成致密的灌木丛，动物很难进入。随后灌木的中心会萌出一根茎，毫无顾虑地向上生长。它的叶子着生在长长的、侧面扁平的叶柄上。即使是微风，树叶也会随之飘动，“像白杨树叶一样颤抖”的说法就来源于此。山杨的高度可达30多米。然而，由于其木材既不能作为柴火，也不能作为锯材原木，长成的山杨很少出现在商业森林中。它们在长成前被砍伐，以便让其他树木生长。

特征

幼树树皮与桦树相似，但呈黄绿色，带小粒树瘤，长成后树皮开裂变粗糙 。树叶有疏波状浅齿，会随风摆动。

欧洲山杨木不受欢迎，
因此在森林中很少见

欧洲山杨树皮上典型的树瘤

黑杨

拉丁名：*Populus nigra* | 杨柳科

黑杨生长在河滩林中。与山杨一样，黑杨的植株也有雌雄之分。黑杨生长迅速，高度可达35米，树干粗壮。杂交杨树的种植给黑杨带来了巨大的威胁。几十年前，本土黑杨已经与加拿大的一种杨树进行了杂交，并扩大了种植范围。通过授粉，二者遗传物质相互融合，而纯种的后代逐渐消失。最近，种植园里又出现了新的杂交品种。这些树在发电厂被碾碎后焚烧，创造生物能源。

特征

树皮粗糙，多沟壑。树叶大（长度可达12厘米），形状不一（菱形或心形），雄树花药呈红色，雌树白色絮状绒毛随风飘散。

即将消失？
黑杨濒临灭绝

一棵老黑杨。
其裂纹与栎树相似

黄花柳

拉丁名：*Salix caprea* | 杨柳科

黄花柳是春天的明星：它开花时，蜜蜂和大黄蜂在越冬之后第一次找到了大量花粉和花蜜。黄花柳有雌树（绿色柔荑花序）和雄树（淡黄色柔荑花序），它们为100多种蝴蝶提供栖息地。其带毛絮的种子可以飞数千米，来到其他树种无法到达的休耕地。在那里，黄花柳可以生长到15米高，但树龄不会很长：几十年后，它就会与许多先锋树种一样断裂。从林业角度来看，其木材并不值钱，因此被大范围地从商品林中清除，我们只能在小路和森林的边缘看到黄花柳的身影。

特征

幼树树皮呈绿色，带皮孔，长成后开裂变粗糙，与山杨相似。卵状叶，约6厘米长，叶缘形态不一（各品种叶缘或微卷、或呈疏波状、或呈锯齿状）。

雌雄分离：
黄花柳是雌雄异株的植物

黄花柳雄株的
花序

欧亚槭

拉丁名：*Acer pseudoplatanus* | 无患子科

在气候凉爽且潮湿的地方，欧亚槭自然地混入山毛榉林。它与其他原始森林树木有许多不同之处。与土壤中的真菌共生？不需要！昆虫授粉？是的，来吧！而为了保证丰产，欧亚槭还会从叶子开口处流出蜜汁，以吸引昆虫。欧亚槭的小坚果不会简单地从树上掉落，而是附带着一个“旋翼”，在其帮助下小坚果可以像直升机一样随风飘走。欧亚槭也能为人类提供一些有用之物：它的叶子有舒缓的作用，可作为治疗蚊虫叮咬的药膏。将未成熟的翅果从底部折起，形成一个“犀牛角”，孩子们可以把它粘到鼻子上玩。

特征

幼树树皮光滑，呈灰色，长成后浅裂，带方形鳞片。叶片5裂，叶缘呈不规则锯齿状。小坚果上有5厘米长的旋翼。易与挪威槭（*Acer platanoides*）混淆，但后者叶裂带突尖。

欧亚槭喜阴喜湿

急尖的叶裂片是
挪威槭名字[1]的由来

---

❶ 德文中挪威槭叫作“Spitz-Ahorn”，“Spitz”意为尖角。

光叶榆

拉丁名：*Ulmus glabra* | 榆科

光叶榆和小叶榆（*Ulmus minor*）都是全球化的最初受害者。在大约100年前，来自亚洲的一种榆树上的管状真菌就传到了欧洲。这种真菌一旦在树木上扎根，就会在树木运输水分的导管中生长，将其堵塞。因此，水分几乎无法到达树冠顶部，叶子就枯萎了。两种本地榆树皮甲虫将这类真菌传播开来，甲虫携带着真菌孢子，钻入树皮，使树木感染。由于这种病害，欧洲大部分榆树已经消失，只有未被甲虫侵害的少数树木存活下来。

特征

树皮呈棕灰色，幼时光滑，长成后开裂。叶片基部不对称（表现为歪斜），叶表粗糙，先端有3个突尖，叶缘呈锯齿状。易与欧洲白榆（*Ulmus laevis*）混淆，但后者叶表光滑，且叶缘呈双锯齿状。

全球化的最初受害者
——光叶榆

3月起，
光叶榆就开花了

黑刺李

拉丁名：*Prunus spinosa* | 蔷薇科

黑刺李又名刺李，该名称说明它是一种草原灌木：生长在食草动物吃草的地方，必须得有防御能力。凭借粗壮的刺，黑刺李很好地做到了这一点。黑刺李灌木丛常由许多单独的灌木组成，只能用火或机器才能将其清除。即使在植株死亡多年后，其刺仍然非常坚硬，可以刺穿橡胶靴和汽车轮胎。如果黑刺李在森林里大面积蔓延，说明森林中狍子和鹿的密度太大。黑刺李这种野生果树的果实口感有毛茸茸的感觉。被霜打后，这种口感有所减轻，但仍不好吃。因此，黑刺李是不太受欢迎的野果。

特征

树皮近黑，老时开裂。树叶多为3厘米长，倒卵形，叶缘呈双锯齿状。浆果似小型李子，直径1～2厘米。

覆盆子：
经昆虫授粉后，
混交品种对原始品种
造成了威胁

覆盆子

拉丁名：*Rubus idaeus* | 蔷薇科

覆盆子喜欢阳光充足的地方：它在路边和空地生长，从不出现在阴暗处。对于被暴风雨摧残的林地来说，覆盆子的出现是一种幸运，幼树能在它的树荫下生长，而不受暴风雨的影响。此外，它的落叶可以形成温和的腐殖质，有助于改善土壤环境。同时，覆盆子花是蜜蜂和蝴蝶的重要食物来源。覆盆子从6月开始结果，果实可食用。野生覆盆子经培育后，形成了众多覆盆子品种，而它们之间又通过昆虫交叉授粉，因此在基因上对原始品种造成了威胁。

特征

嫩绿的新枝（头年老树枝呈棕色）有较软的毛刺。小叶3～7枚，背面被柔毛。与黑莓相反，覆盆子树不会形成灌木丛。花白色，果实为红色。

欧洲黑莓

拉丁名：*Rubus fruticosus* | 蔷薇科

许多林场主害怕黑莓：覆盆子通过保护幼树来改善被破坏的林区，而黑莓则相反。它长达10米的枝干可以布满地面。冬季下雪时，雪将黑莓压倒在地，同时也把许多幼树压倒。黑莓用强壮的钩刺来保护自己，因此我们很难进入这样的林区，即使是野生动物也要避开黑莓丛。在狍子和鹿数量多的地方，黑莓也对覆盆子造成了很大的威胁。但偶尔，黑莓也能起到围栏的作用，至少处于“围栏”之中的一些落叶树能顺利生长，不被野生动物啃食。

特征

新枝带刺，羽状复叶3～7枚（背面无毛），冬季树枝上仍有部分羽叶。果实初为红色，成熟后转黑，可食。易与欧洲木莓（*Rubus caesius*）混淆，但后者果实较小，呈蓝色，带白粉，亦可食用。

黑莓成熟变黑后才变甜

欧洲木莓的
味道不太可口

如今欧鼠李的木材没有使用价值了

欧鼠李

拉丁名：*Frangula alnus* | 鼠李科

欧鼠李又叫“粉木”（Pulverholz），过去人们曾从其树干中提取一种特殊的木炭，来制作火药。其实欧鼠李应该被称作灌木，因为它很少长到4米以上。但至少其名字的前半部分是有道理的，因为树皮闻起来有点腐烂的味道①。但这似乎并不能阻挡钩粉蝶（*Gonepteryx rhamni*）的脚步，因为它们喜欢将欧鼠李树作为产卵地。如果我们用指甲刮掉树枝的表皮，下面就会露出黄色的木质，这是欧鼠李的明显标志。由于欧鼠李有毒性，且现在生产火药的方式有所变化，因此如今欧鼠李已经没有什么用处了。

特征

树皮微裂，呈灰绿色。树枝表皮下的木质呈黄色。卵形叶，叶缘平滑。小型果实未成熟时为红色，成熟后变黑色。

① 欧鼠李德语名称“Faulbaum”的前半部分“faul”意为“腐烂的”。

盛开的金雀儿花海，
表明野生动物数量众多

金雀儿

拉丁名：*Cytisus scoparius* | 豆科

金雀儿生命力很顽强：其种子可以在土壤中存活50多年，直到有一天头顶上的树木消失，它才有机会生长。树木遭遇暴风雨或是被砍伐后，金雀儿会迅速覆盖这几公顷土地，因为它的毒性使其不被狍子和鹿大量啃食。但它对气候条件比较敏感：遭遇严重的霜冻时，会被冻死，因此更适合在冬季比较温暖的中欧南部和西部地区生长。春天，金雀儿上开满了黄色花朵。因此在某些地区人们赋予它一些别称，例如“埃菲尔金子”（Eifelgold）。其枝条富有弹力，可用于制作扫帚，这也是其德文名Besenginster（扫帚金雀）的出处。

特征

树枝表皮嫩绿色，长成后呈浅棕色，带小叶。5～6月间，树上开满黄色的金雀儿花。

白果槲寄生

拉丁名：*Viscum album* | 檀香科

白果槲寄生是一种生长在树上的小灌木。其充满黏性的浆果是槲鸫（*Turdus viscivorus*）等鸟类的食物，果子因此被带到高高的树枝上。动物们吃完后在树枝表皮上蹭嘴。这时有的种子脱落下来，粘到树枝上，甚至连吃进肚子里又排泄出来的种子颗粒都还很黏。种子在树枝上发芽，把根插入枝干里。作为寄生植物，白果槲寄生从宿主那里汲取水分，但它自身也用类似革质的叶子合成糖分。由于其根部破坏了木材的结构，严重时粗大的枝条也会折断，有时甚至整棵树都会枯死。因此，这种灌木在林业上被认为是有害生物。

特征

整体为绿色（茎、枝表皮也为绿色），呈球状；茎、枝分叉，叶于顶端对生，结白色浆果。

白果槲寄生看似
可以美化树木，
实则是对树木的一种侵害

槲鸫的排泄物
可以传播种子

在很多疏林中，
黑果越橘是
人工种植活动
的产物

黑果越橘

拉丁名：*Vaccinium myrtillus* | 杜鹃花科

黑果越橘喜欢酸性且滋润的土壤和充足的光照。在北方针叶林或中欧的山区，都适宜它生长。另外，稀疏的落叶林，尤其是松树种植园也能满足条件。因此，在低海拔地区，它的出现通常表明该森林的种植方式发生了巨大改变。作为小型灌木，黑果越橘的叶子在冬天就会脱落，但其绿芽还是很显著。越橘树丛经常被狍子和鹿啃食。因此，它们很少达到最大高度。其浆果曾经是棕熊秋季的重要食物，一只棕熊每天能吃一百多磅（1磅约453克）。

特征

灌木高10～60厘米，枝干棱角分明，叶卵形。花泛绿或泛红。4～5月为花期，成熟后的浆果为蓝黑色。

花

栎木银莲花

拉丁名：*Anemone nemorosa* | 毛茛科

栎木银莲花是典型的早春开花的植物，只在落叶林中出现。它在3、4月开花，这时阳光已经越来越强烈，但山毛榉和栎树还没有长出叶子。此时地面光照充足，几乎没有任何与它竞争的植物。裸露的土壤被大片栎木银莲花覆满。开花后，它迅速用叶子为来年储备能量。此外，在5月树木开始萌芽前，糖和其他碳水化合物也在栎木银莲花的根部聚集起来。此后它们就像“关了开关的灯”一样，只能在地里等待着，直到来年春天，温暖的阳光又将它们唤醒。

特征

三全裂掌形叶片，叶缘呈锯齿状。植株中央开1～2朵白花，花瓣边缘偶尔泛红。高度可达25厘米。

开春后，
趁着阳光还能照射到地面，
栎木银莲花赶紧吸取能量

黄色的银莲花数量
明显减少了

白花酢浆草可以食用，但味道很酸，和有毒的栎木银莲花十分相像

白花酢浆草

拉丁名：*Oxalis acetosella* | 酢浆草科

白花酢浆草是真正的影子艺术家。在大树让地面变得荫蔽，其他开花植物无法生长的地方，仍然有这种娇嫩的小型植物的身影。春天，其白色花朵不仅覆盖了地面，也覆盖了树桩和倒伏的树干。它唯一的要求是土壤基质得有足够的酸性，天然落叶林或云杉、松树林都满足这一条件。在这样的树林中，掉落的针叶具有酸性，使土壤条件变差，许多其他物种无法适应。白花酢浆草可以食用，但味道酸得让人瞬间清醒。不宜多吃，如食用过多，其所含的草酸盐和草酸会对健康产生伤害！

特征

叶片与白车轴草（三叶草）相似，三裂，叶柄长，花着生在单独的花梗上，呈白色带红色脉纹。易与车轴草属植物混淆，但后者从不出现在森林中的阴暗处，而是在森林边缘或开阔的地方。

美味的熊葱
闻起来有大蒜味，
可以此进行鉴别。

熊葱

拉丁名：*Allium ursinum* | 石蒜科

就叶子的外观而言，熊葱与铃兰就像一对双胞胎：通常每株都有两片叶子。这很可能会让我们混淆。熊葱是如此美味的野菜，一旦将二者混淆，后果十分严重。熊葱闻起来有大蒜的味道，是拌沙拉的好配料，同时，它也常被用来制作香蒜酱。它是落叶林的典型伴生植物，喜湿。如果条件合适，可大量繁殖，像地毯一样在树下铺展开来。其汁液有独特的大蒜味道，当叶子被捻碎时，会散发十分浓烈的气味 。

特征

叶子浅绿色，长条形，叶全缘，通常每株带两叶。白色伞形花序，呈星形排列。除铃兰以外，还易与秋水仙（*Colchicum autumnale*）混淆，但后者没有叶柄，叶子两面均带光泽，无蒜香味。

除了欣赏其香味以外，
我们不能享用
铃兰的任何部位

铃兰

拉丁名：*Convallaria majalis* | 天门冬科

铃兰喜欢生长在落叶林中，但不宜太暗。因为它5月才开花，这正是山毛榉树和栎树长出新叶、地面阳光减少的时候。其白花散发出一种“可爱”的香味，是许多香水的灵感来源。但其实它是相当危险的。其所有部分都是有毒的，尤其是红色的浆果。其叶子与熊葱十分相似。但不同的是，铃兰的叶子像袋子一样展开，且没有蒜味。但由于二者往往在同一季节出现，有时甚至交杂着生长，因此只有在开花的时候人们才能确切地分辨它们。

特征

叶子呈浅绿色，叶全缘，长度可达20厘米，每株只带两片叶。花梗无叶，开白色花，呈钟状。易与熊葱混淆。

车轴草虽不太健康，但与果酒混合后的味道让人无法抗拒

车轴草

拉丁名：*Galium odoratum* | 茜草科

车轴草是山毛榉林的特色植物。有时山毛榉林甚至以它命名，如“车轴草山毛榉林”，这类森林拥有潮湿的黏土土壤。当车轴草在春天萌发幼茎时，人类就开始采摘。如今，车轴草的小花束通常用于制作五月果酒（Maibowle），被倒置着浸泡在香槟中。值得注意的是，得在开花前采摘。其典型的味道和气味来自具有弱毒性的香豆素。顺便说一下，割过的草也会逸出香豆素，然后发出类似的气味。过去，车轴草曾被用于给各类食品和饮料调味，而现在的饮料添加剂都来源于化学实验室。

特征

深绿色叶片，呈披针形，轮生，茎具四棱。白色小花，成多歧聚伞花序。易与林猪殃殃（*Galium sylvaticum*）混淆，但后者没有它的香味。

原拉拉藤用弯曲的刺毛攀附在其他植物上

原拉拉藤

拉丁名：*Galium aparine* | 茜草科

原拉拉藤是万能的：无论是在黑暗的落叶林中，还是在明亮的路边或花坛中，它几乎能应对所有的光照条件。原拉拉藤有很强的攀附能力。其本身的茎过于柔弱，作为一种攀缘植物，它利用其他植物爬到高处。一株原拉拉藤有数以千计的小刺，更确切地说是刺毛，因为这些刺毛不扎人。在刺毛的帮助下，它能攀附在其他植物上。在花园里原拉拉藤造成了不小的麻烦，因为在清除它们时，其他有用的植物有时也被连根拔起。其球状的果实也同样有黏力。它们黏附在裤腿上，或者动物的毛发上，借此传播到其他地方。

特征

叶子呈披针形，在花茎上轮生，茎具四棱。叶缘、叶梗及球状果实上布满弯曲的柔软的刺毛。白色聚伞花序，花朵带4片花瓣。作为攀缘植物其长度可达200厘米。

水珠草结出的种子
正在等待去远方旅行的时机

欧洲水珠草

拉丁名：*Circaea lutetiana* | 柳叶菜科

欧洲水珠草又名“巫婆草”，其名字来源于几千年来我们赋予它的神奇力量。据说它尤其能在爱情方面发挥不错的效果，但如今科学领域没有任何证据证明此功效，因此“巫婆草”已经不被认为是药物。对植物来说，这可能并不重要，它们更希望实现的是繁殖的目标。这在森林里已经很难做到了。由于树下通常没有风，水珠草的种子无法飘走，所以需要其他繁殖策略。其小种粒上布满了茸毛，能让种子黏附在动物的皮毛（或人类的裤腿）上，这样它们可以舒适地前往陌生且遥远的地方，在那里开辟新领地。

特征

卵形叶，带茸毛。茎呈十字交叉，高度可达60厘米，有毛。小花呈白色至粉红色，总状花序。

中世纪时期，欧洲变豆菜曾是一种药物

欧洲变豆菜

拉丁名：*Sanicula europaea* | 伞形科

欧洲变豆菜是山毛榉林的忠实朋友。它很少会流落到其他落叶树下或云杉林中。它乐于为热爱森林的人们服务。变豆菜曾被认为是一味万能药，根据其用途，不同地区对它的叫法完全不同，例如“胃药”。它甚至被用作伤口敷料。后来变豆菜被人遗忘。只有少数药材爱好者还在自己的花园里种植。为了扩大繁殖，该植物使用了一种森林花卉普遍使用的策略：其种子带小钩刺，这让它成为“偷渡者”，乘着过往动物的皮毛去旅行。

特征

掌形叶片，5裂，叶缘呈锯齿状，叶柄直接与地面相连。花茎独生，无叶，每朵花带5片花瓣，白色泛红。高度可达50厘米。

旋果蚊子草散发出浓烈的香气

旋果蚊子草

拉丁名：*Filipendula ulmaria* | 蔷薇科

旋果蚊子草“Mädesüß”名称的由来至今还不太明了：或许是因为它被用来提高蜂蜜酒的口感（“蜂蜜甜”，Metsüß），也可能是因为它在刈割后闻起来很甜（“草甜”，Mahdsüß）。该植物含有水杨酸，特别是其花朵部分，因此可用于治疗头痛和发热。其药效比同类药品要弱，但在登山途中可随手采摘。森林中潮湿的草地或沟渠就是它的藏身地点。用它冲泡一杯草茶，就能见效；但只能适量饮用，否则它所含的其他成分会引起头痛。

特征

鲜有超过1米的植株，茎具四棱，羽状复叶，花朵白色泛黄，带5片花瓣（偶尔有6片），散发浓烈且怡人的草本植物香气。易与蕨叶蚊子草（*Filipendula vulgaris*）混淆，但后者植株明显更小，且有基生莲座叶丛。

普通假升麻是一种颇受欢迎的花园植物

普通假升麻

拉丁名：*Aruncus dioicus* | 蔷薇科

虽然普通假升麻与旋果蚊子草有亲缘关系，甚至二者的叶子也很相似，但至少在观察花序的时候，我们就知道眼前是什么植物了。普通假升麻的小花整齐地排成长长的一串，像是导管清洁刷。它的另一个特点是：雌雄异株，有雄株和雌株之分。雄花为象牙色，有花蕊；雌花为亮白色，有时略带绿色。其种子轻如鸿毛，一丝微风也能将它带走。总而言之，这种植物非常漂亮，在很多花园里都能看到它的身影。但是，人们应该种植野生形态的普通假升麻，避免进一步造成野生形态和人工育种形态的混交。

特征

羽状复叶（3至5片），花序竖立，花柄排列如导管清洁刷。雌雄异株。雄花呈象牙白色，雌花白色，有时泛绿色。植株高度可达2米。

葱芥

拉丁名：*Alliaria petiolata* | 十字花科

在疏落叶林中，葱芥是典型的伴生植物。它那娇嫩的浅绿色在森林里铺展开来，远远地就能看到。葱芥是最受欢迎的野菜之一，其独特的蒜味用途广泛。不管是混入夸克[①]，还是用来拌沙拉，它都能为菜品增添一种特别的味道。不过，该植物得在采摘后立即享用，因为其味道很快就会挥发。甚至连葱芥的种子也有用处，其味道像辣椒。在野外，雨后的葱芥种子会在表面形成一种黏液，它们因此能粘在过往的动物身上，葱芥借此得以传播繁衍。

特征

叶子浅绿色，十分娇嫩，基生叶似心形，上部茎叶呈三角形。气味和味道均与蒜相近。白花，具4片花瓣。高度可达100厘米。

① 德国的一种奶制品。

腺毛繁缕

拉丁名：*Stellaria nemorum* | 石竹科

腺毛繁缕，也叫森林繁缕，是一种小型的含羞草属植物。它的茎很细，十分脆弱。摘下后还没等放入花瓶，它的花就迅速凋谢。凉爽、营养丰富的落叶林中最适宜它生长，但它偶尔也会出现在山林。说到授粉，它并不看重蜜蜂，而是像真正的森林植物一样，依靠苍蝇和甲虫繁衍。在山林中，腺毛繁缕与银杉相遇。在这里，一种真菌以它为中间宿主，侵袭杉树，使其染上簇叶病。

特征

基生叶呈心形，带叶柄，上部茎叶呈卵形，叶缘有毛。白花具5片花瓣（花瓣开裂，因此看起来像是10片）。易与硬骨繁缕（*Stellaria holostea*）混淆，但后者花瓣不开裂，只是轻微内凹。

腺毛繁缕
会传播簇叶病
病原体

感染簇叶病的银杉

大花头蕊兰（左）怕光，而红花头蕊兰（右）生长在海拔高达 1800 米的地区

大花头蕊兰

拉丁名：*Cephalanthera damasonium* | 兰科

大花头蕊兰是山毛榉林的伴生植物，不过在云杉林下也时常能看到它的身影。它只需极少的光照，在空旷的地方十分罕见。大花头蕊兰需要土壤中的钙质，至少得有微量钙元素，否则它无法生长。从其长约2厘米的大花朵可以看出，它是典型的兰花。花朵看起来好像没有完全打开，也不需要打开，因为在昆虫来采蜜之前，大花头蕊兰通常就已经完成了自花授粉。

特征

披针形叶片，带蓝色气孔带。茎具四棱。茎和叶均无毛。白花长约2厘米，萼片上端收紧（仿佛还未完全绽放）。未开花时，易与红花头蕊兰（*Cephalanthera rubra*）混淆，后者茎呈紫色，弯曲上扬。

玉竹散发出怡人的香气。
其浆果呈蓝色，表面覆有白霜

玉竹

拉丁名：*Polygonatum odoratum* | 百合科

玉竹在德语中又叫“所罗门印”（Salomonssiegel），是百合花的近亲。二者叶子的结构也类似，但玉竹的叶子是着于茎上的。花从叶腋中生长出来，没有形成花序。浆果也不是红色的，而是蓝色的。由于枯叶在根茎上留下类似印章的印记，因此有了别名“所罗门印”。几百年前，人们曾赋予它神奇的力量。例如据说它能炸开石头，还有一个更符合实际的用法——它能治愈伤口。如今，玉竹更多的是作为一种观赏植物。

特征

叶全缘，茎具四棱，叶互生。钟状白花，着生于叶腋，1～5花簇生。易与多花黄精（*Polygonatum multiflorum*）混淆，但后者茎为圆柱形，通常叶腋结2花以上。

细距舌唇兰

拉丁名：*Platanthera bifolia* | 兰科

细距舌唇兰虽开着美丽的白花，但是香味并不浓郁，尤其是在日间。当太阳缓缓下降时，林间飘荡的甜香会更浓郁。之所以采取这种策略，是因为它只需吸引长喙的蛾子。如果细距舌唇兰白天也散发出强烈的气味，蜜蜂和大黄蜂就会被引来。而它们的口器太短，并不能触到花蜜，只能咬开花瓣，从旁边进入。但这样并不能成功授粉。

特征

每株带两片大叶，呈椭圆形。小叶呈披针形。白花仅在夜晚散发香味。植株高约50厘米。易与二叶舌唇兰（*Platanthera chlorantha*）混淆，但后者花色泛绿，且花距[1]较短。

① 花距是某些植物的花瓣向后或向侧面延长成管状、兜状等形状的结构。

夜间，路人能闻到
细距舌唇兰散发的香气

二叶舌唇兰的气味
与香草有些相似

松下兰

拉丁名：*Monotropa hypopitys* | 鹿蹄草科

松下兰是一种奇特的植物。它没有一处是绿色，开出一朵朵不起眼的浅褐色花朵。它不含叶绿素，不能进行光合作用，因此得靠外力帮助。它躲藏在树木的菌根真菌（Mykorrhizapilze ）下，由于不需要光照，即使最黑暗的云杉林也可以。在那里，松下兰截获了真菌和树木之间流动的营养流。真菌和树木互利共生，真菌能够壮大树木的根系，从而为其提供更多的水分和矿物质。作为回报，它们通过树根获得糖和其他碳水化合物。这也正是松下兰能轻易截获的部分。

特征

无叶；花序浅褐色，略泛白，与天门冬属植物相似，花序逐渐干枯，直到第二年变为深褐色。易与鸟巢兰（*Neottia nidus-avis*）混淆，但后者为兰科植物，且花更大。

松下兰从
菌根真菌处
偷走养分

鸟巢兰
同样也是寄生植物

野草莓比
培育品种的
果味更浓郁

野草莓

拉丁名：*Fragaria vesca* | 蔷薇科

自然界中最美味的浆果之一就是野草莓。不到指甲盖的大小，但在舌尖上却能产生一种爆炸性的味道（这就是它的味道）。然而它并不是花园草莓的原生种，因为花园草莓是由智利和其他美国野生品种培育出来的。只有较小的月季草莓来自德国本土。在采摘野草莓时，我们不用过分担心狐狸绦虫，绦虫卵主要集中在狐狸的排泄物中。感染的风险与遭遇雷击的概率相同，每年在德国受狐狸绦虫影响的不到30人（更多的是猎人、农民和宠物主人）。所以，没有什么能阻挡你大快朵颐。

特征

锯齿状3叶，着生于长叶柄，有基生莲座小叶丛。白花，黄色花蕊，结红色假果，具籽。

榕叶毛茛毒性与日俱增，
因此仅在少数情况下可食用

榕叶毛茛

拉丁名：*Ranunculus ficaria* | 毛茛科

和其他早春开花的植物一样，榕叶毛茛也期待着3、4月晴朗的日子。因此它只能生长在落叶林中，在一年四季都暗而无光的针叶林中是无法生存的。榕叶毛茛有毒性，这有充分的理由：在3月，森林里几乎没有任何葱郁的绿色植物萌芽，食草动物急切地等待着第一簇从地面萌发的嫩芽。因此，榕叶毛茛将毒素藏在叶脉里，成为有效防护，其黄花就可以不受威胁地绽放。在开花前，其叶子是可食用的，味辛辣。但生长过程中，有毒生物碱的含量逐渐积累，故不宜食用。

特征

心形叶，正面有光泽，背面叶脉明显，长叶柄。黄油色花，呈星形，单生花着于长花茎。高度约10厘米。

牛唇报春

拉丁名：*Primula elatior* | 报春花科

牛唇报春专由大黄蜂进行授粉。其花萼很长，尤其对蜜蜂来说太长了。但蜜蜂并没有放弃，它们有时会从旁边咬出一个洞，把花蜜吸出来。然而，在这种情况下，授粉并没有成功。牛唇报春也有培育品种。对于野生品种来说，这种做法是存在隐患的。如果花粉从培育牛唇报春转移到野生牛唇报春上，就会形成杂交品种，威胁到原生形态。这也是在所有野生和培育品种间普遍存在问题。

特征

叶长可达20厘米，有基生莲座叶丛，背面有毛。伞形花序，花柄长度可达30厘米，浅黄色，花瓣内侧为深黄色。易与黄花九轮草（*Primula veris*）混淆，但后者黄色更饱和，带橘色斑点。

牛唇报春
更喜欢大黄蜂授粉

黄花九轮草的花更小，
且颜色更饱和

金冠毛茛，
在此作为类似
毛茛花的代表

金冠毛茛

拉丁名：*Ranunculus auricomus* | 毛茛科

金冠毛茛是毛茛科这个大家族的另一个成员，它和榕叶毛茛的策略一样：开花早，播种快，等树木开始长出叶子时再慢慢停止生长，然后等待第二年。这个游戏可以在一个地方持续几十年，直到有一天一棵大树死去。如今，很多光线穿透树木照射到地面，幼树趁机向上生长几米，夺走了早春开花植物的空间和阳光。本地的金冠毛茛因此逐渐消失。但多年来，蚂蚁早已将它的种子传播到更远的地方，这意味着某一地方可能正在形成新的金冠毛茛种群。

特征

肾状五角形基生叶，无裂片，上端茎叶开裂，形成较窄的几个裂片。黄油色花，高度可达50厘米。易与其他种毛茛混淆，例如世界范围内广泛分布的高毛茛（*Ranunculus acris*），但后者大多生长在草原。

驴蹄草是
需要潮湿土壤的
毛茛科植物

驴蹄草

拉丁名：*Caltha palustris* | 毛茛科

驴蹄草是一种典型的毛茛科植物。花呈明黄色，有5片花瓣，有着奶油般的光泽，从远处就能看到它。毛茛科植物偏爱湿润地方，在这一点上驴蹄草更是走向了极端。对它来说，土壤必须特别潮湿。所以我们能在池塘或溪流边发现它。此外，其外形较粗壮，叶子比其他毛茛科植物大且厚。同其他毛茛科植物一样，它用辛辣的味道和毒素驱赶野生动物。驴蹄草利用水来繁衍。雨水将种子从花序中冲刷出来，由于种子内含有空气，可以随溪流漂到新的栖息地。

特征

深绿色心形叶，基部抱茎。蛋黄色花，有5片花瓣，伞形花序。花期为5～7月。植株高度可达60厘米。

林生过路黄

拉丁名：*Lysimachia nemorum* | 报春花科

林生过路黄，又名草甸金钱草（Hain-Gilbweiderich），精致而淡绿的叶子是其典型特征。林生过路黄所需土壤不一定要湿润，但有时也能在较浅的水源边生长，例如偶尔也出现在溪边。林生过路黄喜欢在明亮、潮湿的山毛榉林中定居。它不会急躁地蔓延，而只是星星点点地生长，所以在森林里相当罕见。从它的茎也能看出它是多么脆弱：茎往往不能直立起来，植株的下半部分多匍匐在地。因此它在地面生出更多根系，形成分支。

特征

浅绿色卵形叶，对生。茎多匍匐在地。黄花，具5片花瓣。易与金叶过路黄（*Lysimachia nummularia*）混淆，但后者完全匍匐，且叶片颜色更浅。

林生山罗花
并不是完全靠自己独立生存

林生山罗花

拉丁名：*Melampyrum sylvaticum* | 列当科

林生山罗花喜欢云杉，很少生于松树或落叶树下。它从树木或其他植物（如蓝莓）那里获取养分，从其根部摄取汁液。由于林生山罗花本身也能进行一些光合作用，因此在少数情况下仍能自给自足，因此我们称它为半寄生植物。由于它与云杉的紧密关系，它必然也生长在凉爽的气候下。因为在自然条件下，云杉只出现在海拔较高的地区。因此林生山罗花也是中高海拔山区及阿尔卑斯地区的典型植物。

特征

披针形叶，对生，叶全缘。花的直径可达10毫米，金黄色，成对着生于叶腋。花冠下唇有紫色斑纹。易与草原山罗花（*Melampyrum pratense*）混淆，但后者花型更大，且花冠上唇为紫色。

款冬

学名：*Tussilago farfara* | 菊科

款冬本不是真正的森林植物，而是先锋植物[1]。它在生土[2]上繁殖，这些生土也可以在林间道路边找到。在这里，款冬是冬末最早开花的植物之一，往往早在2月就开花了。起初只有花出现，大叶是在春天晚些时候再长出来的，它看起来像蜂斗菜（*Petasites albus*）的缩小版。过去款冬曾被用来泡茶以治疗咳嗽，疗效甚好。有人还把它的卷叶当作烟草替代品。如今，我们知道它含有有毒生物碱，不建议使用。

特征

茎长10～30厘米，心形大叶，背面被浅色茸毛，黄色头状花序，含300片舌瓣（但看起来像是一朵单生花），花期为2～3月。其叶可能与蜂斗菜混淆。

① 指群落演替中最先出现的植物。

② 生土是从深层挖出来的土（地表1米以下终年不见阳光以及土表无植物生长的土壤），不含有腐质物，几乎没有营养成分。

款冬花开在
路边和林边

款冬开花后
其大叶才长出地面

卵形千里光

拉丁名：*Senecio ovatus* | 菊科

由于卵形千里光有毒，凡是其他开花植物都被吃光的地方，它就会和毛地黄（见255页）一起出现。在森林遭砍伐和暴风雨破坏的地区或路边，卵形千里光大片繁殖。对大多数昆虫来说，其所含成分是致命的，但即便如此也有少数动物专找这种危险的小吃。例如，红棒球灯蛾（*Thyria jacobaeae*）的毛虫，它不仅可以在卵形千里光的叶子上生活，甚至可以将卵形千里光的毒素储存在体内，用于对抗天敌。如果蜜蜂在卵形千里光花上采蜜，毒素就会转移到蜂蜜中。如果达到一定量，蜂蜜就不能食用了。例如，一些千里光属植物[①]的大量出现曾导致苏格兰发布蜂蜜销售禁令。

特征

茎高可达2米，呈绿色至红色，披针形叶，叶缘锯齿状，黄色花序，花期为7～9月。

① 卵形千里光是菊科千里光属植物。

当孢子吃光
其他森林植物，
有毒的卵形千里光就
大面积蔓延开来

红棒球灯蛾的毛虫
攀爬在宿主植物上

水金凤

拉丁名：*Impatiens noli-tangere* | 凤仙花科

水金凤拉丁名中种加名noli-tangere的意思是“别碰我”，这似乎正是这种植物想要的结果。如果我们在其果实成熟的时候碰触到它们，它们就会突然爆裂，把种子弹射到几米远的地方。这是非常有趣的，特别是对孩子来说，而且这还能帮助水金凤快速传播。阴暗潮湿的落叶林最适宜它生长，因为它对干旱和阳光非常敏感。它的茎看起来是半透明的，几乎跟玻璃一样，其叶又轻又薄。水金凤黄色的花虽美，但采摘后还不待人走到客厅，它们就已枯萎。

特征

卵形叶，互生，叶缘呈锯齿状。茎呈透明状。总状花序黄色，有弯曲的花距，直径可达40毫米，花朵内侧带红色圆点。易与来自亚洲的新品种——小花凤仙花（*Impatiens parviflora*）混淆。

水金凤
叶表附有蜡质

小花凤仙花
远小于水金凤

在狍子和鹿未过度繁殖的地方，柳兰才会出现

柳兰

拉丁名：*Epilobium angustifolium* | 柳叶菜科

柳兰往往出现在树林清伐后。尤其在针叶林发生火灾后，它会成片地生长，因此获得了“火草”（Feuerkraut）的别名。它能很快覆盖被烧焦的地方，在夏天形成花海，但只有在狍子和鹿不太多的地方柳兰才会出现。因此，它被认为是林中野生动物数量适中的良好指标。如果野生动物过多，柳兰就会被有毒的毛地黄取代，二者大小相似，花色均为粉紫色。柳兰嫩芽也可供人类食用，可以把它像芦笋一样烹调，但味道不甚理想。

特征

半灌木丛，高50～200厘米，叶互生，狭长。有长长的总状花序，粉紫色。花期为7～8月。易与山地柳叶菜（*Epilobium montanum*）混淆，但后者植株明显更矮小，叶更短。

毛地黄比
许多人工培育的
半灌木丛都漂亮

毛地黄

拉丁名：*Digitalis purpurea* | 玄参科

毛地黄的花序令人印象深刻。其植株高度可达2米多，上面布满了鲜艳的紫色铃铛（或称“顶针”)。当天空多云时，它们总是朝南，有类似指南针的作用。在空旷的地带，毛地黄可以形成大片的“灌木丛”，这代表着这样一个信号：狍子或鹿的种群已经过度繁殖。这些动物避开有毒的植物，专吃幼树和与毛地黄花序相似的柳兰。毛地黄是不会在深林中出现的，它需要太多光照。其毒素是致命的，但如今人们仍将这种毒素小剂量用于治疗心脏病。

特征

第一年基生叶成莲座状，第二年的茎叶也有同样轮状结构。椭圆形至披针形叶，叶缘锯齿状，有毛。花序紫色，钟状，罕有白色品种，直径可达50毫米。

人们通常将
紫斑掌裂兰与
斑点掌裂兰混淆

紫斑掌裂兰

拉丁名：*Dactylorhiza fuchsii* | 兰科

以一位教授的名字命名的紫斑掌裂兰（Fuchssches Knabenkraut，福克斯掌裂兰），可能是德国最常见的兰花品种，但它几乎鲜为人知。因为人们往往将它与斑点掌裂兰（*Dactylorhiza maculata*）混淆。它们确实很相像；但据最新发现，后者比人们普遍认为的要稀少得多，我们通常见到的都是紫斑掌裂兰。紫斑掌裂兰需要大量的光照，所以我们要看到它们要么是在光照充足的树林，要么是草地上。含有钙质且足够湿润的土壤十分适宜其生长，它会因此而大量繁殖。我们常常会在路旁排水沟的斜坡上看到大株紫斑掌裂兰。花朵在高高的花穗上密密麻麻地排列着，远远望去，闪闪发光。

特征

叶全缘，大片深色斑纹。茎高可达80厘米（大多数植株却明显更矮小），穗状花序，粉色，也存在白色或紫色的品种。易与斑点掌裂兰混淆，但后者植株较小。

欧獐耳细辛

拉丁名：*Hepatica nobilis* | 毛茛科

欧獐耳细辛因叶子而得名，其形状有点像人类肝脏，所以曾经有人认为它可以治疗肝病。但它其实有微弱的毒性。因为花期很早，所以在一些地区也被称为“Vorwitzchen”（冒失鬼）。欧獐耳细辛是顽强的小植物。一旦它在某地定居，就想永远待在那里，其种子的传播速度是非常缓慢的。这也是为什么这种早春开花的植物只生长在几百年的老落叶林中。此外，它也喜欢钙质土壤或黏土，这进一步限制了其生存环境。欧獐耳细辛对环境的要求甚高，难怪这种植物很少见，如今它已经成为保护物种。

特征

叶形似肝脏，三裂，正面深绿色，背面紫色，着生于长叶柄。蓝花，偶尔泛紫，具白色花蕊。高度约10厘米。

紫福王草

拉丁名：*Prenanthes purpurea* | 菊科

紫福王草不仅深受野兔的喜爱，也是鹿喜欢的食物。如果它在森林中较大面积出现，就说明林中野生动物数量已接近自然平衡。如果狍子的数量太多，作为美食的紫福王草就无法生存。紫福王草是山毛榉林的伴生植物，不需要太多的光照就能茁壮成长。其叶子形状类似蒲公英或箭头，可以很快识别出它：蒲公英不能在阴暗的环境下生存。紫福王草喜欢凉爽的气候，因此能生长在靠近树线的较高海拔山区。但在低地，由于夏季温暖，它很罕见。如果运气好的话，我们可以在其叶子上发现莴苣夜蛾（*Cucullia lactucae*）的毛虫——一种色彩鲜艳的毛虫。

特征

狭长披针形茎叶，基部抱茎呈心形，叶缘呈锯齿状，背面泛蓝。基生叶叶缘锯齿状，与蒲公英叶相似。花序紫红色，下垂，花茎高达160厘米。

紫福王草喜阴

莴苣夜蛾毛虫
喜欢啃食紫福王草

野堇菜

拉丁名：*Viola reichenbachiana* | 堇菜科

野堇菜是个小“骗子”：它有着美丽的紫色花朵，可惜完全没有香气。因此在没有昆虫的帮助下它也能自花授粉。相较而言，它为传播种子付出的努力更多。每颗种子上都挂着小小的营养包，吸引来蚂蚁。蚂蚁把食物运到蚁穴中，然后把“废物”，即真正的种子，播撒到周围。犬堇菜（*Viola canina*）也没有香气；但与野堇菜不同的是，茎基部无叶。而香堇菜（*Viola odorata*）则名副其实，通过怡人的香气很容易分辨出它来。

特征

植株高5～20厘米，心形叶。紫色花，无香。花期为4～5月。香堇菜与其相似，可通过香气辨别。

常常从花园中溜走的二叶绵枣儿

二叶绵枣儿

拉丁名：*Scilla bifolia* | 百合科

二叶绵枣儿是一种早春开花的植物。和毛茛一样，它在落叶林阳光充裕的时候就发芽，把下一年的能量储存在球茎里，因此能从5月坚持到来年1月。二叶绵枣儿虽然是百合科植物，但因为有毒，所以没有食用价值。它在德国本土森林中是很少见的，但因为它的花非常漂亮，所以可以在园艺中心买到。如今二叶绵枣儿偶尔也出现在花坛中，不过比较少见。但就算在花坛中它也不会被驯服，蚂蚁会四处传播它的种子。每一个种粒上都带有一小包“零食”，动物们吃掉“零食”后把剩下的种子“扔掉”。在这些动物的帮助下，二叶绵枣儿又可以逃回大自然。

特征

狭带状叶，长度可达20厘米。多数时候每株只有2叶。星形蓝花，总状花序，含2～7朵花，呈竖立或下垂状。

林地老鹳草

拉丁名：*Geranium sylvaticum* | 牻牛儿苗科

林地老鹳草喜阴凉。因此它常出现在山里，而且越往山上走（或往北走），越不需要树木的荫蔽。其花色也十分多样：在中欧多为蓝紫色，而在北欧拉普兰则可能是白色的，两者之间还存在多个色调。林地老鹳草的种子储存在渐尖的喙状蒴果中。当果皮随着成熟期的到来而干枯时，其末端就会裂开，从而将种子弹射出去，因此种子不会直接在母株旁边萌发。

特征

叶5～7裂，叶缘呈不规则锯齿状。蓝紫色花序，分布范围越往北，花色越接近白色。蒴果竖直。易与汉荭鱼腥草（*Geranium robertianum*）混淆，但后者捻碎后会散发臭味。

越往北走，
林地老鹳草的颜色越发白

发臭的汉荭鱼腥草，
花朵比林地老鹳草更小

林生勿忘草
是一个逐日者

林生勿忘草

拉丁名：*Myosotis sylvatica* | 紫草科

与其名字相反，林生勿忘草喜阳。所以它更常出现在林间草地和森林边缘。它开着明亮的蓝色花朵，不仅使徒步者赏心悦目，园艺爱好者也十分喜欢。因此它有很多培育品种。同样的问题又出现了：培育品种可以通过花粉传播与野生品种杂交，并对后者的基因进行改造。而蚂蚁则负责将杂交品种传播到整个花园。勿忘我的种子上带着“营养包”，它是昆虫喜欢的食物。昆虫把种子运回家，吃掉美食后，剩下的种子就进了“垃圾堆”。新的植株就在这里萌芽。

特征

呈披针形叶，叶全缘，有毛。茎具四棱。浅蓝色花，罕有红色品种，有5片萼片。易与沼泽勿忘草（*Myosotis scorpioides*）混淆，但后者生长在极其潮湿的地区。

多年生山靛通过根状茎大片繁殖

多年生山靛

拉丁名：*Mercurialis perennis* | 大戟科

多年生山靛喜欢生长在阴凉的落叶林深处，因此是真正的丛林伴生植物。如果地面湿度足够大，它可以大片繁殖。山靛雌雄异株：有雄株和雌株之分。两者各有一个花序，由不显眼的黄绿色小花组成。花茎上的叶子呈鲜艳的浅绿色，在黑暗的林地中十分显眼。多年生山靛早在几千年前就已作药用了，据说有润肠通便的作用。但是发挥作用的物质（皂苷）是有毒的，所以如今我们已经不再使用这种药材。

特征

披针形叶，多着生于花茎，浅绿色，茎呈圆柱形。黄绿色小花成团伞花序。易与一年生山靛（*Mercurialis annua*）混淆，但后者茎具四棱，且因不喜阴暗不生长在森林。

欧蜂斗菜

拉丁名：*Petasites hybridus* | 菊科

欧蜂斗菜与款冬（见248页）有亲缘关系，二者叶形相似，但欧蜂斗菜叶大得多。它喜欢非常潮湿的环境，因此在溪流旁的草甸中安家，但桤木或柳树下是它最理想的生长地。在树木萌芽前，欧蜂斗菜粗大的花茎拔地而起。它的红花并没有特殊的香气，但还是能吸引来蜜蜂。那些后长出的巨叶排挤开其他植被，孩子们在家庭出游时可将其当作遮阳帽使用。在中世纪，欧蜂斗菜曾被用作对抗瘟疫的药物。如今我们知道，它是致癌物，因此也被归为有毒植物。然而经特殊提炼的欧蜂斗菜提取物也可作药用。

特征

心形叶，背面有毛，直径可达60厘米。总状花序，着生于粗茎上，白色泛红至红紫色。易与款冬混淆，二者叶形相似，但后者叶小得多。

欧蜂斗菜先开花，后生叶

欧蜂斗菜宽大的叶子可当作帽子，颇受儿童欢迎

颠茄

拉丁名：*Atropa belladonna* | 茄科

对森林来说，颠茄是十分可怕的植物：它有着与毒鹅膏菌[①]一样让人感到震颤的作用。在古代，人们就已发现它的药用价值。例如，据说埃及艳后将含有阿托品[②]的颠茄汁液滴入眼睛，这种果实的汁液能使瞳孔放大。此外，小剂量食用颠茄会引起幻觉，大剂量则会引发“盛人”的行为。然而，如果吃下十多颗颠茄浆果，人体就与世界告别了。阿托品至今仍是重要的药物，在眼科领域仍有应用。颠茄本身喜光，因此它能从森林伐木活动中受益。

特征

卵形叶，全缘，长度可达15厘米。叶脉与茎有毛。紫花，呈钟状，稍下垂。圆形果实，有黑色光泽（似樱桃）。

① 毒鹅膏菌被认为是世界上最毒的蘑菇，含有鬼笔毒素与鹅膏蕈碱两种毒物，仅仅食用30毫克便足以致人于死地。

② 阿托品是从颠茄和其他茄科植物提取出的一种有毒的白色结晶状生物碱，其主要作用是解除痉挛，减少腺体分泌,缓解疼痛,散大瞳孔。

埃及艳后曾将颠茄用于美妆

颠茄花

具节玄参

学名：*Scrophularia nodosa*｜玄参科

具节玄参会吸引来蜜蜂，并且它更喜欢黄蜂。我们仅从它的花色就可以看出这一点。与很多开花植物一样，它用棕紫色的花作为信号色吸引黄蜂。具节玄参的花和其他部位被捻碎时会散发出令人恶心的气味，至少从人类的角度来说是这样。由于该植物的根茎具有驼峰状的凸起结构，因此被赋予了“具节”的称呼。具节玄参需要湿润、营养丰富的土壤环境，无论是在森林边缘、路边还是溪流两岸都能找到合适的生长地。具节玄参对温度不太敏感，因此可以生长在海拔1800米以上的山区。

特征

披针形叶，带锯齿。茎具四棱。棕紫色花，有难闻的气味。植株高度可达100厘米。易与翅茎玄参（*Scrophularia umbrosa*）混淆，但后者茎具狭边（翅茎）。

具节玄参是黄蜂的最爱

超近距离
拍摄的具节玄参花

异株荨麻

拉丁名：*Urtica dioica* | 荨麻科

异株荨麻是最顽强的花草之一：它有数千根刺毛，触碰后断裂，钻入皮肤，释放出引起疼痛的酸性物质。不仅蝴蝶毛虫喜欢吃它的叶子，人类也可适当烹饪后食用。我们可以将其像菠菜一样煮（去除刺激的味道）、添加到沙拉中或冲泡成茶。不过，荨麻有很强的利尿作用，因此最好不要在晚上食用。异株荨麻和欧荨麻（*Urtica urens*）容易混淆。与前者相反，后者的生长高度只有60厘米，并且是一年生植物，叶子也较小。二者在用途上并无差别。

特征

主茎高度可达300厘米，叶片长度可达20厘米，叶缘呈锯齿状，茎和叶均带毛刺，花棕色泛绿，无光泽。花期为6～10月。

花园的一角
应预留给异株荨麻

异株荨麻棕绿色的
种子也可食用

蕨类

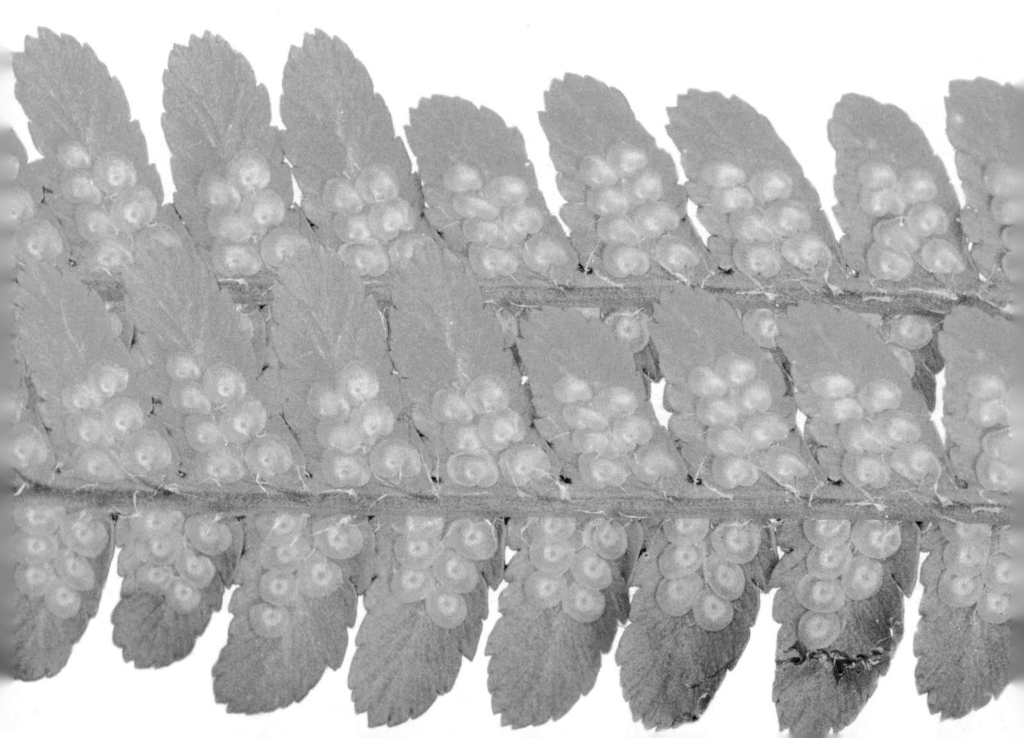

欧洲蕨丛十分壮观，
但一直被
视作森林中的杂草

欧洲蕨

拉丁名：*Pteridium aquilinum* | 碗蕨科

欧洲蕨是德国本土最大的蕨类植物。其植株可以长到2米多高，较粗壮的根茎有着几百年的历史。一般情况下，欧洲蕨无法在森林中立足，但当幼树屡屡被过度繁殖的狍子和鹿吃掉时，它就有机会了。欧洲蕨有时能繁衍成几百平方米大小的蕨丛，夺走这一区域地面上的所有光照。如果叶片在冬季枯萎，其残株将形成一层覆盖层，最终使其他所有竞争植物窒息。因此欧洲蕨往往能长期占据同一领地。横向茎向根状茎发展的过程中形成的结构，让人联想到双鹰的形象（此即德语名Adlerfarn“鹰蕨”的出处）。

特征

浅绿色羽状叶，高度可达2米。因株型大，不易混淆。冬季干枯的叶片将地面覆盖，形成一层象牙白至棕色的地毯。

欧洲鳞毛蕨

拉丁名：*Dryopteris filix-mas* | 鳞毛蕨科

欧洲鳞毛蕨是最常见的森林蕨类植物之一。它的出现说明土壤总是湿润的（但它不喜欢潮湿）。无论是在老山毛榉林最暗的树荫下和林间小道上，或是在空地边缘，在多种不同的光照条件下欧洲鳞毛蕨都能应对自如。以前人们曾用它的根来治虫，这是它名字的由来[①]。由于难以控制用量，且蕨菜一般对健康有害，人畜中毒事件时常发生。但时至今日，一些动物饲养者仍在使用这种植物。据说，山羊和兔子吃够一定量后，就会避开它。野生食草动物或许也用这种方式来清除体内的寄生虫。

特征

二回羽状复叶，末端渐圆，深绿色。孢子囊群排成两列。易与蹄盖蕨（*Athyrium filix-femina*）混淆，但后者叶片呈浅绿色，且较柔软。

① 德语中欧洲鳞毛蕨名为“Wurmfarn”，即“虫蕨”。

早春时节，
欧洲鳞毛蕨舒展开叶片

在叶背面，
独特的孢子囊群排成两列

刺叶鳞毛蕨

拉丁名：*Dryopteris carthusiana* | 鳞毛蕨科

从所需养分来说，刺叶鳞毛蕨是个苦行僧：欧洲鳞毛蕨只需要一般的土壤，而养分贫乏、酸性的土地就能满足刺叶鳞毛蕨的需要。因此，它的出现说明土壤贫瘠，树木在这里长势并不好。至少山毛榉林来说，这个规则是适用的：凡是适宜刺叶鳞毛蕨生长的地方，树木几乎不会超过30米（而不是原本的40米）。刺叶鳞毛蕨之所以得名，是因为其小叶有像刺一样的尖端。这将它与其他蕨类明显区分开来，除了宽叶鳞毛蕨（*Dryopteris dilatata*）。

特征

浅绿色羽叶，有像刺一样的尖端。易与宽叶鳞毛蕨混淆，但后者的鳞片（鱼鳞状茎叶）叶轴颜色较深。

刺叶鳞毛蕨
喜欢酸性土壤

正如其名，
刺叶鳞毛蕨的羽叶
有着像刺一样的尖端

穗乌毛蕨

拉丁名：*Blechnum spicant* | 乌毛蕨科

穗乌毛蕨是真正的云杉伴生植物。云杉喜欢的，它也喜欢——凉爽湿润的气候（如北欧或500～2000米的高海拔地区）和酸性土壤。在这种环境下，它就能茁壮成长。难怪它不喜欢中欧原有的山毛榉林，在云杉扩大种植后，穗乌毛蕨才广泛地传播开来。穗乌毛蕨有两种不同的叶片：用于光合作用的向外伸展的“正常叶片”和直立的“孢子叶片”。二者的结构虽然相同，但后者的小羽叶很窄，其叶脉看起来就像骨架上的肋骨（正如其名[①]）。

特征

小型蕨，多回羽叶。带狭长的孢子小羽叶。易与欧亚多足蕨（*Polypodium vulgare*）混淆，但后者只有一种叶形，且羽叶互生。

① 德语中穗乌毛蕨名为“Rippenfarn”，即“肋骨蕨”。

穗乌毛蕨是
北方植物

欧亚多足蕨
植株也较小

对开蕨

拉丁名：*Asplenium scolopendrium* | 铁角蕨科

“Hirschzunge”（鹿舌）这个德语名字很贴切：除了颜色，对开蕨其实就像大型食草动物细长的舌头。如果某处出现一条狭窄阴暗的峡谷，涓涓细流顺着峡谷壁滴落，又冷又湿，对开蕨往往就在不远处。它把自己的根系伸进岩石缝隙里，常年享受着最佳的水分和养分供应。如果黑暗的山毛榉林的土壤足够湿润，它也可以在这里生长。由于适宜其生长的环境十分稀少，这种蕨类植物并不普遍，也因此被列为保护植物。其叶形具有很强的装饰作用，因此现在苗圃中也有培育品种。

特征

舌状披针形叶，全缘，长度可达40厘米，耐寒，冬季不凋落。孢子囊群着生于背面，一队队排列在主叶脉两侧。

凉爽阴暗的地方是
对开蕨最理想的生长环境

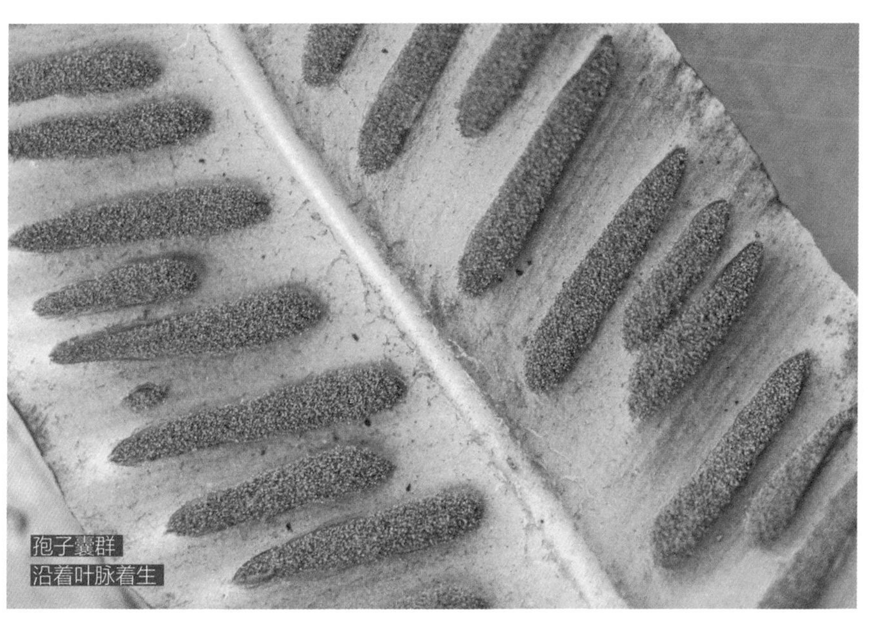
孢子囊群
沿着叶脉着生

卵果蕨的名字易造成误解：它在云杉林中也能很好地生长

卵果蕨

拉丁名：*Phegopteris connectilis* | 金星蕨科

乍一看，卵果蕨可能会被误认为是欧洲鳞毛蕨，然而，它的平均高度仅为20厘米，看起来就像欧洲鳞毛蕨的迷你版。与它的名字[①]相反，它不仅生长在山毛榉林中，也存在于云杉和其他针叶林中，因为它喜欢微酸性的土壤。在雨量充沛的地区，它可以发挥自己的优势，大面积繁殖，尤其是在中高山区。海拔1500米以下的地方都有它的足迹。在德国北部的低地，卵果蕨非常罕见，以至于被认为是濒危植物。

特征

多回羽叶，浅绿色，无基生莲座叶（与其他蕨类不同），卵果蕨在荫蔽处生长，底端两片羽状基生叶朝下。易与欧洲鳞毛蕨混淆，但后者植株更大，且有基生莲座叶。

① 德语中卵果蕨名为“Buchenfarn ”，即“山毛榉蕨”。

木贼和石松

多穗石松

拉丁名：*Lycopodium annotinum* | 石松科

多穗石松的别名——“蛇石松”说明了它最大的特点。在林地地表之上，其匍匐茎如蛇一般盘绕，长度可达1米。在这些匍匐茎上，带孢子囊的嫩芽又不断萌发。其生长环境必须是阴凉、土壤酸性且非常潮湿的地方，在那里这种稀有且受保护的植物才能茁壮成长。如果条件合适，多穗石松可以大面积繁殖，密密麻麻的“蛇”相互缠绕，因此无法分辨单个植株。多穗石松在生命的前几年只在地下生长。这一时期，它不能进行光合作用，依靠真菌为生。

特征

针形小叶，渐尖。茎匍匐，侧枝直立，高度可达30厘米，末端有孢子囊着生。易与小杉兰（*Huperzia selago*）混淆，但后者的孢子囊着生于叶轴。

多穗石松是稀有植物

小杉兰用幼枝
形成小型“灌木丛”

来自远古时代的问候
历史久远的木贼

林木贼

拉丁名：*Equisetum sylvaticum* | 木贼科

木贼是一个曾经物种丰富的种群的最后代表，其大多数成员在数百万年前就灭绝了。因此木贼可以说是活化石。木贼德语名中的“Schachtel”特指其茎部的阶梯式结构，每节可以拉出来，看起来是互相嵌套（schachteln）在一起。湿润甚至是潮湿的落叶林最适宜林木贼生长，因此我们可以在河滩林、溪流或水源附近看到它。林木贼会完全避开干燥和温暖的地方。它的叶子精致而小巧，在节间横向抱茎轮生，给该植物带来了一丝秩序感。

特征

侧枝分为两类，一类光滑如金属丝，一类微微下垂。背面有浅纵沟，从节间处可以轻易把每个茎节拉出来，孢子囊只存在于孢子叶尾端。易与问荆（*Equisetum arvense*）混淆，但后者的侧枝不生分枝，且喜阳喜温暖。

草

灯心草的生长表示人类曾将这里的土壤压实

灯心草

拉丁名：*Juncus effusus* | 灯心草科

灯心草喜欢生长在树木难以生长的地方。它喜欢压实的土壤，水难以渗入深层。一场雷雨后，这里会形成一片湿地，然而经过1～2周的日晒，湿地又会干涸。我们把这样的地区称为交替湿地，它们的出现不仅因为自然因素。大型林业机械在森林中行驶时，会将土壤压实，让曾经优质的松软土壤变成通气透水性极差的“浴缸”。这样的土壤很适宜灯心草生长。即使在几十年后，它的存在仍能表明森林里曾有过机械活动。

特征

茎秆似小葱，呈圆柱形，光滑且有光泽，紧密簇生。浅棕色花，带短柄，成穗状花序。易与密花灯心草（*Juncus conglomeratus*）混淆，但后者为头状花序。

林生地杨梅

拉丁名：*Luzula sylvatica* | 灯心草科

我们似乎无法看出林生地杨梅与芦苇的亲缘关系。它需要湿润的土壤，但却不能是湿地。在山区，它能越过树线，在适宜生长的地方形成大片草丛。地杨梅草丛往往非常茂密，幼树很难在其中生长。如果野生动物过多，落叶树幼树常遭到破坏。而林生地杨梅往往成了替罪羊，这是不公正的。林生地杨梅喜欢把播种的任务交给蚂蚁。为了让蚂蚁心甘情愿地为自己服务，林生地杨梅的每颗种子上都有一个小小的“营养包”。

特征

深绿色叶，有光泽，扁平，边缘有毛（基生叶尤其明显）。有棕色花，花柄具分支。易与灌木地杨梅（*Luzula luzuloides*）混淆，但后者花瓣为白色。

大型机械驶过的地方
往往会长出薹草

麻根薹草

拉丁名：*Carex sylvatica* | 莎草科

麻根薹草在压实的土壤上生长得最好。这样的土壤或许是自然形成的，也可能是机械驶过造成的。在徒步时，我们很容易在林间小道上发现它，因为这里的土壤也是非常紧实且透水性较差的。在冬天，特别容易发现它，因为它是几乎不会枯萎的常绿植物。切开叶子后观察其横截面，就可以很容易识别出薹草。它看起来像一只在飞行中微微折起翅膀的老鹰。和许多草本植物一样，薹草也是靠风来完成授粉的，因此它并没有显眼的花序，它大可省去这个麻烦。

特征

叶常绿，多折（横切面似老鹰）。秆具三棱，末端带穗状花序。易与直穗薹草（*Carex atherodes*）混淆，但后者花形似狐尾，且高度可达前者的3倍（至150厘米）。

林地早熟禾

拉丁名：*Poa nemoralis* | 禾本科

林地早熟禾被认为是典型的山毛榉林伴生植物。只需要一点光亮，这种禾本植物就能立足。不过，它只有在人工栽培的森林中才能生长，因为林地早熟禾是喜热的，所以它仍然时常需要阳光。在原始的野生森林中，很少能有这种环境。因此，林地早熟禾更常出现在栎树和鹅耳枥的混交林中，即“干暖林”中，然而中欧几乎没有这种森林。其横向伸展的叶子似乎指向某个方向，因此有了“路标草”这个昵称。其实它并不能指路，而是常常指示温暖的半阴凉处，即幼山毛榉树的最佳生长环境。

特征

深绿色叶，常横向伸展。有着疏松的圆锥花序，茎秆紧密簇生。

凌风草

拉丁名：*Briza media* | 禾本科

其实凌风草并不是森林植物，因为它需要贫瘠的土壤和大量的光照。这种条件在原始森林中是稀缺的。然而，林业的砍伐和稀疏化为它创造了新的生长地，至少对这种草来说是有利的。在草原上——曾经的凌风草的故乡，由于现代高性能农业的发展，只有“整齐划一的草类”才有生存的机会。粪肥和矿物质肥料已经让大部分草场的养分过剩，以至于像凌风草这样的“苦行僧”在很多地方被排挤出去。因此我们现在更常在森林边缘见到它。其心形穗状花序在微风中轻轻摇摆，十分漂亮。

特征

叶表光滑，叶缘粗糙。心形穗状花序，触摸时或在微风下会轻轻颤动（如其名）。高度可达100厘米。

曲芒发草就像
是绿色的
扎花金属丝

曲芒发草

拉丁名：*Deschampsia flexuosa* | 禾本科

曲芒发草是位专家：它喜欢酸性高、营养贫乏的地方。这种地方在原始山毛榉林中几乎不存在。然而，在针叶林的种植管理过程中，土壤条件发生了根本性的变化。云杉和松树的针叶造就了致密的酸性土壤垫。如果森林刚经历疏伐或清除伐，光照大量增加，就有了适合曲芒发草生长的最佳条件。在这里，它可以扎根深土，形成大面积的草丛。所以现在它被认为是稀疏云杉林的典型伴生植物。其弯曲的叶子让人联想到扎花金属丝，触感略带油质。

特征

深绿色叶，强烈光照下泛红，像金属丝一般卷起，长度可达20厘米。圆锥花序，着生于稀疏的茎秆上，带纤细小穗，结构疏松。

拂子茅

拉丁名：*Calamagrostis epigejos* | 禾本科

在林务员看来，拂子茅是一种可怕的杂草。在空地上，它能很快覆盖整片区域，并以其密集的毛毡遏制住所有幼树的生长。它也为老鼠提供庇护所，老鼠会啃断栎树或山毛榉幼树的所有根系。“草—鼠—无”（Gras - Maus - Au），这句俗语十分贴切。除了良好的土壤外，其实拂子茅只有在人类的不良干预下才会出现，因为它作为草原物种永远不可能在原始森林中生长。但由于砍伐，以及野生动物过度繁殖，拂子茅获得了非常有利的生长条件，以至于它能够肆无忌惮地在森林里蔓延。因此，它被认为是反自然的林业管理方式的体现。

特征

绿叶，带蓝色气孔带，扁平，有尖棱。茎秆可超150厘米。紧密的圆锥花序，长约10厘米。茎秆多因过重而侧弯。

绒毛草

拉丁名：*Holcus lanatus* | 禾本科

当一种柔软的小草在风中摇摆，吸引你到空地上野餐时，这种草往往就是绒毛草。和大多数草类一样，它也来自草原，原本只是树旁的伴生植物，但由于我们的森林经过了大规模改造，不断的伐木，使大量的光线照射到地面，如今它也可以在森林定居。由于绒毛草有着天鹅绒般的绒毛，对食草动物来说并不是特别美味，所以当野生动物数量多的时候，它取代了落叶树幼树，得以大肆传播。因此在林中空地，我们远远地就能看到其通红的圆锥花序，蔓延开的花序将很多地方打造成美景。在现实中，如果绒毛草与其他对狍子同样没有吸引力的植物一起出现，就意味着林中生态环境已十分恶劣。据说，绒毛草的味道让人联想到蜂蜜，二者究竟有多相似，大家不妨亲自品尝鉴定。

特征

蓝绿色叶，有绒毛。红穗十分柔软。高度可达100厘米。易与更为罕见的根茎绒毛草（*Holcus mollis*）混淆，但后者更柔弱，且绒毛只着生在茎节处。

粟草喜爱落叶林。

粟草

拉丁名：*Milium effusum* | 禾本科

粟草又被称作“森林小米”（Waldhirse），是十足的森林草类。在有山毛榉和其他落叶树生长的地方，它就能安家。当然其大规模繁殖也得益于林业活动，因为它所需要的光照比茂密的原始森林里的光照更多。在原始森林中，它的生长曾经只限于少数地方，例如一棵树刚倒下的地方。在定期疏伐的商品林中，有许多这样的“光岛”。尽管如此，它仍然是典型的落叶林伴生植物。它的出现说明土壤营养丰富，有优质的腐殖质层。如果落叶林被针叶林替代，土壤因掉落的针叶而酸性增强，粟草会因此而消失。

特征

蓝绿色叶，无毛，扁平，长度可达30厘米。茎秆高度可达100厘米。疏松圆锥花序。卵形果实相对较大（2毫米）。

天蓝麦氏草的圆锥花序确实像导管清洁刷

天蓝麦氏草

拉丁名：*Molinia caerulea* | 禾本科

天蓝麦氏草喜欢湿润、酸性的土壤。因此沼泽边缘地区非常适合这种植物。在远离沼泽的地方，有天蓝麦氏草生长意味着此处地下水丰富，几乎到达地面。然而，它也可生长在落叶林中潮湿的地方，那里往往存在天然的酸性土壤。由于云杉曾经常被种植在潮湿的草地上，这些草地由于针叶而变成酸性，因此这里也是天蓝麦氏草能大规模繁衍的地方。在云杉林清伐后，萌发的小树又被狍子和鹿吃掉，天蓝麦氏草便开始过度生长，形成密密麻麻的像毛毡一样的草丛。

特征

茎秆簇生，秋季转黄。茎秆高度可达100厘米。有紫色穗状花序，密集着生于茎部。

苔藓

美丽的台湾拟金发藓在许多森林中安家

台湾拟金发藓

拉丁名：*Polytrichastrum formosum* | 金发藓

“没有苔藓，就什么都没有”，这句话说的一定就是美丽的台湾拟金发藓。因为就算没有别的植物，在每一片森林里几乎都生长着拟金发藓。微酸的土壤、充足的遮阴，它对土壤的水分也没有太高的要求，这样的生长环境几乎随处可见。只有当它受土壤中钙质的影响时，才会消失。即使在无光的山毛榉树下，它也能生存，这清楚地表明这种植物在古代就能很好地适应原始森林的环境了。其德文名字Widerton来自古代，当时它被用来抵御巫师和邪恶的咒语：Widerton = Wider tun（抵御）。由于膨胀能力极好，干燥的台湾拟金发藓也被用来密封船只或木屋。

特征

深绿色叶，末端锐尖，茎直立，叶横生。孢子囊着生于红黄相间的孢囊梗，其高度可达8厘米。

仙鹤藓

拉丁名：*Atrichum undulatum* | 金发藓科

和许多其他苔藓一样，仙鹤藓在水中能储存多达自身重量20倍的水分。因此，它抢走了原本属于树木和土壤的大量降水。在云杉林中，这可能是有害的，因为对云杉等针叶树来说，原本几乎三分之一的雨水已经存留在树冠中，这些水分会再次蒸发，因而不能被吸收。相反在天然落叶林中，冬季树木处于落叶状态，至少降水能完全到达地面，苔藓对这些树木几乎没有影响。但在这里，另外一类生物也在发挥作用：对于甲螨等上百种生物来说，能像海绵一样蓄水的仙鹤藓是一个完整的生态系统。

特征

深绿色小叶，有光泽，茎直立，叶横生。仅在缺水时，变为波状或皱波状。孢囊梗呈红色。

泥炭藓

拉丁名：*Sphagum palustre* | 泥炭藓科

泥炭藓，顾名思义，参与泥炭的形成，因此它显然是沼泽植物。泥炭藓能在沼泽地中生长，但它更喜欢森林里的潮湿沟渠。与其他苔藓不同，它需要大量的水分，喜欢酸性、四季湿润的土壤。同时，由于几百年来疏干沼泽等人类活动，其最佳生长环境在很多地方已经消失，但泥炭藓却没有消失。现在，它有了新的“根据地”，例如排水沟或有水的林业机械的车辙印。泥炭藓可以通过储存比其他苔藓多一倍的水来度过干旱期：它能够在细胞中储存多达自身重量40倍的水。

特征

浅绿色小叶，部分呈浅棕色，非常柔软，常湿润。往往成片繁殖。干燥时颜色变得非常苍白。

弯曲的孢子囊
像鹤一样探出头

曲尾藓

拉丁名：*Dicranum scoparium* | 曲尾藓科

曲尾藓，也叫“镰刀藓”（Sichelmoos），观察者通常很容易发现它：叶子像镰刀一样弯曲，清楚明了。遗憾的是，情况并不总是如此，因为它有时长着直直的叶子。而幸运的又是，这种情况相当罕见。其德语名Gabelzahnmoos（“叉齿藓”）有点误导人。虽然它的叶子尖尖的像犬牙，但并不分叉。这个名字更像是指它的茎，其茎有时带分枝。曲尾藓常成片覆盖在树桩、石块上。它通常生长在落叶林中，但只要林区不是太阴暗，在云杉和松树下偶尔也有它的踪迹。但一旦土壤中的钙质过多，曲尾藓就只有“撤离”了。

特征

深绿色小叶，有光泽，具尾尖，常弯曲。孢子囊上端呈拱形，孢囊梗呈红棕色。

白发藓由密密麻麻的茎组成

白发藓

拉丁名：*Leucobryum glaucum* | 白发藓科

因其外观，白发藓又被称作“勋章枕”（Ordenskissen）。它看起来像是一块天鹅绒般柔软、边界清晰的草垫。它质地均匀且致密，因此我们无法分辨出各个茎秆。只有当我们把它拆解开的时候，才能看到各个组成部分，包括白色的内部（如其名）。其淡淡的蓝灰色，明显区别于其他苔藓。白发藓是一位“苦行僧”，它生长在完全贫瘠且酸性很强的土壤上。这样的地方经常存在于岩石上、风干的丘陵地带或被雨水冲走肥沃表土的陡坡上。在养分贫乏的针叶林，由于针叶将土壤酸化，使土壤环境变差，有时也有白发藓生长。

特征

浅蓝灰色的小叶。形成致密的、边界清晰的草垫，其中心色浅，近白色。罕有结果，结果时孢子囊着生于高达7厘米的孢囊梗上。

在这里，紫色的角齿藓（“紫苔”）
很好地展示了其名字的由来

角齿藓

拉丁名：*Ceratodon purpureus* | 牛毛藓科

角齿藓或“紫苔”（Purpurmoos）是一种万能的植物——它简直无处不在。亚洲、欧洲、非洲，一个不落。从其分布范围就能看出，它对土壤并不挑剔。土壤中钙质含量少的森林，以及河滩、草地都可作为它的生长地。甚至岩石或另类的房屋屋顶也被它占领。角齿藓几乎可以攀附在一切东西上。我们经常可以从远处辨认出它来，因为它是红褐色的。这是因为它的孢囊梗是红褐色的，密密麻麻的梗紧密簇生，几乎遮住了下面的绿色小叶。

特征

浅绿色小叶，末端急尖，叶缘微卷。孢囊梗呈红棕色，高度可达3厘米，常紧密簇生。

波叶匐灯藓对干燥十分敏感

波叶匐灯藓

拉丁名：*Plagiomnium undulatum* | 提灯藓科

波叶匐灯藓用绿色的小星星为森林徒步者引路。星形嫩芽像小手掌一样着生在幼茎的末端，有些不太显眼。薄而细腻的组织已经暗示了它对干燥的敏感程度。所以在潮湿的森林中，尤其是在泉水周围，常有它的身影。手掌状的嫩芽也是孢子囊萌发的地方。在这一点上，这些绿芽类似于花上的花瓣，但它没有花瓣吸引昆虫的功能。由于几乎没有其他苔藓有如此大的叶子，所以波叶匐灯藓很容易识别。

特征

浅绿色小叶，正面有光泽，呈波状，叶宽可达2毫米，长度可达5毫米。孢囊梗红黄相间，孢子囊狭长弯曲。只有当茎秆上有扁平的星形嫩芽着生时，才会萌发孢子囊。

灰藓

拉丁名：*Hypnum cupressiforme* | 灰藓科

灰藓的叶子和小枝与柏树相似，因此而得名[1]。它曾作为床垫填充物，这是其名字的第二部分Schlafmoos（睡藓）的由来。它会形成密集的草皮，但与其他苔藓不同的是，其茎总是匍匐在地。紧密的小叶在吸水后变得有光泽。如果将它从地上拔出，就能发现其下有着像猫爪一样的结构，它们将茎叶紧密相连。与许多其他苔藓不同，灰藓的孢子囊从茎的侧面萌出，因此孢子囊垂直于茎生长。

特征

羽状小叶紧密着生于茎部，甚短（2毫米），有光泽，与柏树相似。孢囊梗从茎的侧面萌出，长约2厘米。

① 灰藓德语为Zypressen-Schlafmoos，其中Zypressen即为柏树的德语写法。——编者注

灰藓的
小枝与柏树相似

灰藓向侧面生长的孢子囊

从侧面能清楚地看到塔藓的层次

塔藓

拉丁名：*Hylocomium splendens* | 塔藓科

塔藓并不会将自己的年龄保密：任何想知道的人都能数出它的年龄。萌发后第二年，从类似蕨类植物的枝条顶端，又萌发新的小枝，而在这些小枝上，来年又冒出枝丛，以此类推。将它拔起来后，从侧面看，其结构很有层次感，每一个茎节代表一年。塔藓生长在3000米以上的高海拔地区，由此我们可以看出，它更偏爱寒冷的北方，虽然偶尔也能在低地见到。塔藓对酸性土壤的喜爱，偶尔才能在落叶林得到满足，而云杉和松树林最能满足此条件，因此，塔藓是如今针叶林种植面积扩大的又一受益者。

特征

深橄榄绿小叶，有光泽，枝条类似蕨类植物。每一年的嫩枝从头年的枝条顶端萌生，以此类推，形成分层结构。

外观整洁的
双齿裂萼苔

双齿裂萼苔

拉丁名：*Lophocolea bidentata* | 齿萼苔科

双齿裂萼苔是个苍白的家伙。它的颜色是淡淡的黄绿色，盘绕在地面或朽木上，对环境的要求不是特别高。无论在树林还是草地，潮湿还是极度干燥，它都能默默地生长，甚至常常混杂于其他植物之中。在花园里也有它的身影，它在草坪中蔓延，很多人因此用除草机加以清除。其实这并没有必要，因为这种爬行苔藓很难与草类竞争。一旦不除草，它很快就会因为环境太阴暗而无法生长。与其他苔藓同类相比，双齿裂萼苔显得相当整洁，其叶子在茎的左右两侧成行生长。

特征

淡淡的黄绿色小叶，尖端具两齿，分别着生于茎的两侧，茎透明，孢子囊着生于其上。易与异叶裂萼苔（*Lophocolea heterophylla*）混淆，但后者颜色更深，且叶形不规则。

地衣

石黄衣具有特殊的才能：
可以在任何固体表面生长

石黄衣

拉丁名：*Xanthoria parietina* | 黄枝衣科[1]

石黄衣想要脱颖而出：其他地衣的颜色是普通的灰绿色，它却由绿色转褐色，再变亮黄色和橙色。它不是典型的森林生物，但还是可以经常在疏林和森林边缘看见它。它对环境并不十分挑剔，除了活树的树皮和枯树树干以外，它还喜欢在石头、水泥、屋顶瓦片甚至金属板上繁殖。在海拔方面，它也展现出多样性，从沿海到山区都能看到它的身影。许多地衣对钙质或空气污染极为敏感。石黄衣也不喜欢酸雨，却受益于如今空气的富营养化（养分输入），因此迅速蔓延开来。

特征

贴地生长，带碗状子实体。潮湿时呈绿色泛棕色，但多数时候为明亮的橙黄色。子实体多为深橙色。

① 在原版中，对地衣的分类是按生长型划分的。本书则以科名代替，使全书体例保持一致。——编者注

罕见的肺衣需要古老的落叶林

肺衣

拉丁名：*Lobaria pulmonaria* | 肺衣科

肺衣在今天绝对是稀有植物，因此受到严格保护。它曾经广泛分布于世界各地，但由于空气污染、生态环境破坏和林业经营集约化，现在只存在于极少数的森林中。肺衣喜欢在老落叶树粗糙的树皮上定居，如枫树或白蜡树，也喜欢在老山毛榉树上安家。由于中欧所有森林几乎被完全开发，树木不再能达到高树龄，这种生长缓慢的地衣物种几乎没有足够的繁殖时间。因此我们迫切需要在古老的落叶林中建立更多的保护区，帮助肺衣繁殖。在几个世纪前，肺衣曾被用作治疗肺部疾病，因为其外形与肺脏相似。

特征

叶状地衣体，带不规则脊和凹陷，让人联想到肺叶。大小可远超手掌。

袋衣不是
优质空气的指示物

袋衣

拉丁名：*Hypogymnia physodes* | 梅衣科

据说地衣是空气质量好的指示物。原则上来说，确实如此。但在很长一段时间里，袋衣都是个例外。当其他地衣同类已经因为空气污染而消失时，它却坚强地存活了下来。在很多地方它甚至经受住了酸雨，因为它其实喜欢微酸环境。难怪它是中欧最常见的地衣种类之一。然而，现在环境中的营养对它来说过度了：日益严重的富营养化，即来自空气中的营养物质输入，让它难以承受。所以它正在消退中。袋衣喜欢以树干、树枝或周围倒下的木头作为基质，但也可以附生于石头上。它还能从雨水中汲取营养物质。

特征

其外形似叶片，扁平，带兽角状的分支。呈灰绿色，革质。常分布于枝干或粗糙的树皮上（如栎树）。

松萝的生长
需要无污染的空气，
因此它变得很稀少

松萝

拉丁名：*Usnea florida* | 梅衣科

松萝多为直立生长。与袋衣不同的是，它能指示空气质量。空气越好，其“胡须”就长得越茂盛。但是，徒步者不能经常观察到它，因为它已经非常罕见。此外，松萝往往只出现在低山山脉中的较高海拔地区，这进一步限制了其分布范围。它大大的子实体，呈圆盘状，十分显眼。它喜欢着生在酸性基质上，如栎树、枫树、花楸甚至山毛榉的树皮，却很少生长在针叶树上。由于它需要大量的光照，所以人工种植的森林或稀疏的自然森林对松萝的生长是有利的。

特征

灰绿色分枝，形成环状裂纹，中心为白色。有众多圆盘状子实体。

岛衣

拉丁名：*Cetraria islandica* | 梅衣科

与其在德语中的名称“冰岛苔”（Isländische Moos）不同，岛衣其实是一种地衣。岛衣形态似鹿角，可形成大片地衣丛。其喜好表明了它的主要生长地：北欧针叶林。只要在与斯堪的纳维亚半岛环境相同的地方都能找到它：寒冷的高海拔地区和酸性的云杉和松树林。和其他许多陆生地衣一样，它也生长在营养贫乏的酸性土壤上、岩石坡的边缘和岩石等地方。萨米人（斯堪的纳维亚的驯鹿牧民）将其作为冬季放牧的饲料。在德国，有人曾将岛衣磨碎，加入面包粉中，以应对饥荒。时至今日，这仍是野外求生爱好者充饥的诀窍（虽然不是特别好吃）。然而，它最大的用处是作为祛痰药物。

特征

棕绿色分枝，呈鹿角状，宽约1厘米，可形成大片地衣丛。罕有子实体，通常通过地衣体的断裂进行无性繁殖。

鹿石蕊的生长速度非常缓慢，因此它需要古老的森林

鹿石蕊

拉丁名：*Cladonia rangiferina* | 石蕊科

从其分布范围和用途上来说，鹿石蕊可以说是岛衣的姐妹。它也被认为是重要的驯鹿食物来源，在必要时还可用于烤面包（味道也不好）。它的形态让人联想到小驯鹿的鹿角，比普通鹿角更纤细，分枝更多。虽然在德国它不能创造任何经济价值，但对北欧驯鹿牧民的生存至关重要。然而在那里它变得越来越稀少。鹿石蕊生长得非常缓慢，而且随着伐木活动增多，越来越多的老林消失了。

特征

淡绿色分枝，中空，形态与驯鹿鹿角相似。可形成大片地衣丛。罕有子实体。

红头石蕊是少数彩色地衣之一

红头石蕊

拉丁名：*Cladonia floerkeana* | 石蕊科

如果地面上有很多类似小火柴棒的东西伸出来，那么它们可能就是红头石蕊，也叫“弗洛克杆石蕊”（Flörkes Säulenflechte）。红色的子实体着生在小枝上。在林区，红头石蕊往往出现在岩石上，因为它需要光照充足的场所和营养贫乏的土壤或浅层土壤，才能与生命力更强、生长更快的开花植物抗衡。在色彩方面，它是地衣中的天堂鸟，因为几乎没有其他地衣能如此引人注目。红色的子实体中含有孢子，因为地衣本身就是藻类和真菌的复合体。如果这些孢子在环境中遇到藻类，两者会结合形成新的地衣。

特征

小枝直立，少分枝，呈灰绿色。子实体呈橘红色。生长于含腐殖质的沙土、泥炭土和朽木之上。

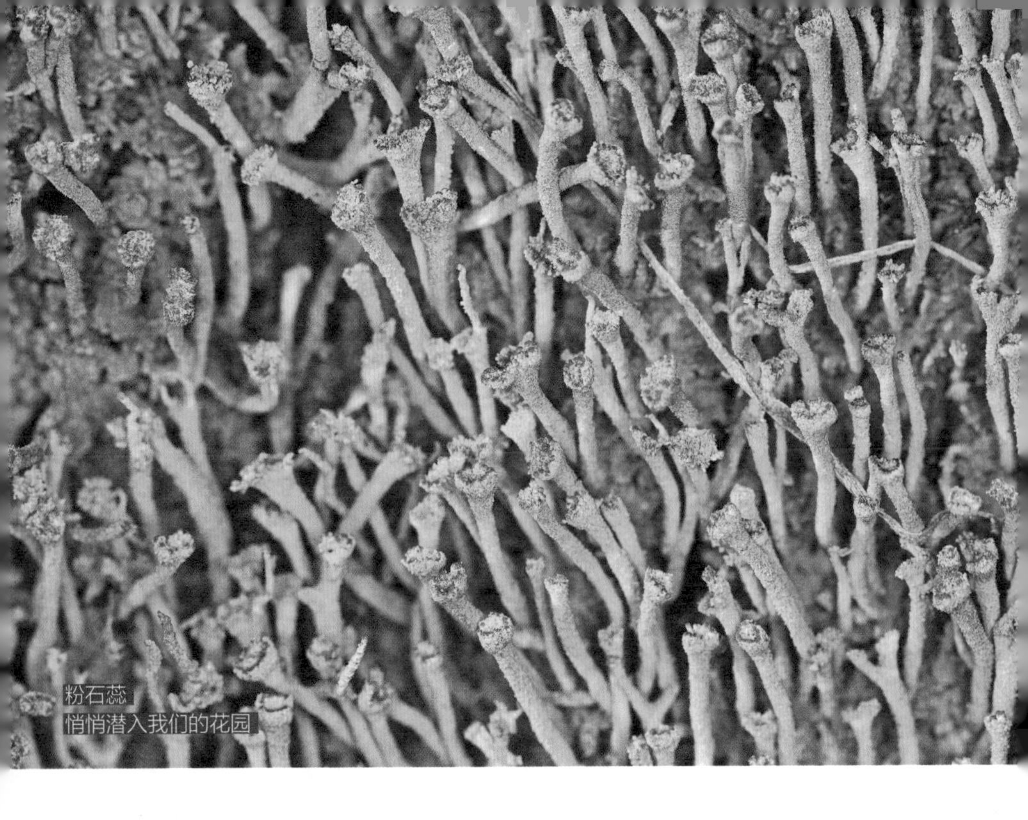
粉石蕊
悄悄潜入我们的花园

粉石蕊

拉丁名：*Cladonia fimbriata* | 石蕊科

粉石蕊看起来就像直立的绿色微型喇叭，表面似乎有蒙尘。它喜欢酸性环境，因此常出现在土壤酸化的道旁斜坡上、长满青苔的树干底部和腐朽的树桩上。它也在疏林中生长，甚至也经常出现在半野生的花园里。而它通常会避开含钙质的土壤。看似蒙尘的表面是由许多小的营养繁殖体组成，它们不断脱落，被气流或蚂蚁、跳虫等小昆虫带走，在其帮助下进行无性繁殖，即形成无性的新地衣体。

特征

小枝灰绿色，呈漏斗形，末端扁平，高约2厘米。表面由众多芽粉（营养繁殖体）组成。

藏在森林里的秘密

原始的山毛榉林是慢的象征。这里的幼树每年只生长几毫米，很多世纪以来都没有发生任何大变化。

森林是一个自然的、极其复杂的生态系统。曾经，原始森林覆盖了欧洲大部分地区，其中以山毛榉林为主。它们形成了稳定的生态系统，几个世纪来几乎没有发生任何变化。森林大火？不曾听说！大风暴？没有过！只有个别树木枯死在这里或那里，也很少有树木被雷电或暴风雨击倒。除此以外，只有微弱的光线能穿透茂密的树冠到达地面；也没有风，非常潮湿。没有任何动静。没有，或者最多只有一点点变化，因为“慢”是原始森林的座右铭。原始的山毛榉林就是慢的象征。这里的幼树每年只生长几毫米，很多世纪以来都没有多大变化。

大树只让3%的阳光照射到地面，这对山毛榉等幼树的生长来说，实在是太少了。小家伙们一年只能长几毫米，为了不让它们的生命消逝，大树与其根部连生，以此向它们输送糖分。这种缓慢生长是有原因的：细小的年轮可以形成紧实而坚韧的木材。真菌很难在这样的树干中繁殖；在风暴中，这样的树干也不会被劈裂或折断，最多只会弯曲。老树之间也是常有交流的。例如，如果其中一棵被昆虫侵害，它就会通过根系或散发气体向其他树木发出警报。其他树木就可以严格戒备，在树皮和树叶中储存防御物质来抵御虫害。生命在树木群四周发出嗡嗡的声响。数千种动物在这里安家，无数的真菌和喜阴的花草在这里生长。但有一点是它们都不喜欢的——改变。直到2000年前，这里还从未发生过变化。

在高海拔的山区，落叶林被云杉、冷杉和松树的原始森林所取代。这些原产于极北地区的针叶树，在冰河时代之后，纷纷退到了“冷岛”。在这里，它们发现了与西伯利亚相似的气候。并且林蚁和林鸡等针叶林中的伴生动物都能在此生存。

在高海拔地区生长着天然的针叶林。冰河时代后，针叶林在这些寒冷地带存活下来。有人就此推断它们原本也在低地生长，并且也能在低地进行栽培。这一说法是错误的，大自然通过暴风雨的破坏和树皮甲虫虫害清楚地证明了这一点。

红褐林蚁是人工种植针叶林的产物。我们对自然界的认识已经出现了偏差，以至于我们现在竟然把红褐林蚁视为一种值得保护的动物物种。

哪里还有真正的森林

土壤生物由跳虫以及其他微小生物组成，它们是森林食物链的一部分。我们不知道它们的消失会带来什么后果，因为几乎没有任何资金支持此类研究。

无论是落叶树还是针叶树，所有的原始森林都已经消失了。凯尔特人就曾砍伐黑森林，最迟在中世纪的“木头时代”，剩下的森林就全都被破坏了。在发现石油和煤炭之前，人们只有木材可用，木材被无节制地过度使用。从旧山水画上光秃秃的山顶可以看出，很多地方只剩下几棵发育不良的树木。直到19世纪，人们的思想才发生转变，人们惊恐地看到破坏森林的后果，自此森林又有所恢复。它们是真正的森林吗？它们过去和现在都只是种植林，是与自然相去甚远的树木种植园。云杉和松树从海拔较高的山区被移栽到低山地区和低地，整齐地种成一排排，100年后再按计划伐光。在今天的大部分林区，它们就跟椰子树一样并非本土物种，严格地说，跟随它们而来的动物也是人工种植的产物。

我们几代人都已经习惯了这些沉闷的单一林，甚至已经不知道真正的森林是什么样子了。但我们很难注意到我们失去了什么，因为大部分变化都发生在土壤里。生物多样性大多是由角螨和跳虫等微小生物组成的。

角螨和跳虫等微小生物曾和中欧鸟类一样种类繁多。然而，如果原始山毛榉森林被换成云杉种植园，这些不同种类的微小生物就会默默地消失。然而置换树种所导致的灾难还没有结束。近30年来，林务员越来越多地被机器取代。这些“巨人”以高达50吨的重量压实

机器碾压是否会留下明显的痕迹，更多时候是一个无谓的外在问题。不管什么情况，它都会造成无法弥补的伤害，对森林生态系统造成的影响可持续数千年之久。

了疏松的土壤。在几秒钟内，孔隙结构被破坏，所有土壤生物窒息而死。就目前所知，它们是无法再生的，即使用1000年也不行。即使将机械换成宽大的轮胎，滚动前进时几乎不再留下任何痕迹，也不会有任何改善。

发动机振动导致的“滚筒振荡效应”（Rüttelwalzeneffekt）将直至土壤深层的一切东西压实。这不仅会杀死角螨和跳虫，也能扼杀树木本身。通常情况下，完备的森林土壤的功能就像一个蓄水池。在冬季，它储存了很多雨水，因为此时树木已经落叶，无任何水分消耗。但在夏季，山毛榉、栎树等树种的需水量大于雨水的供给量。此时它们就利用其冬季储备，这甚至可以帮助它们度过一个较长的干旱期。成年树木的根系可储存多达25立方米的水（相当于50个装满的浴缸）。然而，如果经过机械的滚压，蓄水池被压平，储水量就会减少95%，仅剩1立方米。一棵榉树每天最高需水量可达几百升，在这种情况下它很快就会因缺水而枯亡。不久前我们刚庆祝了“可持续发展”这一概念提出300周年，而森林中的情况与大肆宣扬的可持续发展没有任何关系。一台机器可代替十二个林业工人，砍伐的木材每立方米的成本可降低几欧元，目前这似乎更重要。为此我们将付出的代价是——剧烈的气候变化。据气象预测，高温日将增多，降雨量将减少。对森林来说后果尤为严重，这将导致水源紧缺或干旱。如今，许多林场正在改变策略，改种北美花旗松等树种，据称它们能更好地适应干旱。

为了应对气候变化，人们从北美西部引进花旗松进行种植。据称，其生长速度快，能耐旱。然而，越来越明显的是，它制造的麻烦比解决的问题更多。

一方面，这并非事实，北美本土濒临消亡的森林已经说明了这一点；另一方面，无谓地扩大种植一种外来树种，对本土林种造成了多方面的负面影响。我们可以很简单地应对未来的干旱问题，只要不开车碾压、破坏土壤即可。但是，如果今天我们进一步破坏供需水的平衡，甚至继续种植更多易受影响的单一林，剧烈的气候变化将如期而至：其负面影响已经在许多地方显现出来，而当地往往以粗暴的林业管理方式加以应对。

这里发生了什么

由于中欧98%左右的森林为商品林，因此，伐木工人和林务员留下的痕迹在这里是最常见的，甚至比动物更多。因此，有充分的证据表明，每一片森林（或者说，每一片林区）都有人类的干预。首先是种植：按照龄级定期种树，这是“十分必要的”。一个分区由一至三个树种组成，很少有更多。它们树龄相同，因此也被同时采伐，这简化了“大型森林庄园”的管理：今年开采这个“小盒子”，明年轮到那个。

我们可以从鸟瞰的角度清楚地看到龄级森林：森林像棋盘一样堆砌，一目了然。然而，它已经和自然界没有任何关系了。

大部分树苗都种在地里，整齐地排列成行。它们之间的距离保持一定，以达到最佳的排列效果，而且树距非常近：每隔一两米就有一棵树。之所以要这样做，是因为这里缺少创造阴凉的老树，老树能让幼树生长减缓，最重要的是限制幼树侧枝的生长。密植也能达到类似的效果：生长缓慢，侧枝纤细。用这样的木材做成的木板也只有薄薄的木节，因此更受欢迎。一旦到了采伐时间，人们先用喷漆给树木做标记。树木被画上两条橙色或黄色的对角线。这时，一台机器——伐木机开进来。它能伐倒树木，去除侧枝，并将木材切割成所需的长度。树桩上留下光滑的切面，没有多次砍伐的痕迹。路旁摆放的原木上布满了伐木机的夹臂锯材时留下的抓痕。

一台伐木机的工作效率相当于12位伐木工人。

典型的伐木机留下的痕迹：树桩上平整的切面以及路旁带“原点标记”的树干。

通过锯开所谓的“下楂”，伐木工人不用费多大力气就能让树木向预定的方向倒下。

如果用伐木工人传统的方式伐木，树桩切面就不一样了。为了让树木按照预设的方向倒下，树桩切面往往呈阶梯状。毕竟，他们没有能轻易让树干向预定的方向倒下的强有力的机械臂。树桩上稍矮的“阶梯”总是在树干倒下的这一侧。

除木材采伐外，人们通常还会通过移除个别树木来促进珍稀植株的生长。通过移除邻木，这些珍贵的树木可以获得更多的光照，从而更快地生长、更快地采伐。从幼苗到成品树的时间因此缩短了，产量也提高了。

采伐完的树木在削掉侧枝后堆放至就近的林间道上。为了搬运这些木材，林务员每隔20 ～ 40米便铺设出一条所谓的运输道，即4米多宽的机耕道，道上所有的树木都被清除。搬运车（拖拉机）从这里装载长度5米以下的原木。

珍稀树木被做上标记，成为“可发展树木”。为了让它快速生长，邻树往往被清除。

搬运车正在装载已经切割好的原木木桩。

长达20米的整根原木则由拖拉机用绞盘拖出。在运输途中，原木摆动时往往会撞击到其他树木。最周全的方法是像有机农场一样用马拉出原木。这种方法不会伤害土壤，毕竟一个马蹄几乎不会压实土壤。

马匹运输虽然成本较高，但能避免对土壤结构的破坏。同时，也能维持森林的健康发展和产量，而机械运输往往会产生严重伤害。

该木材标记了买方公司的缩写。偶尔也会标记上出产的林区。

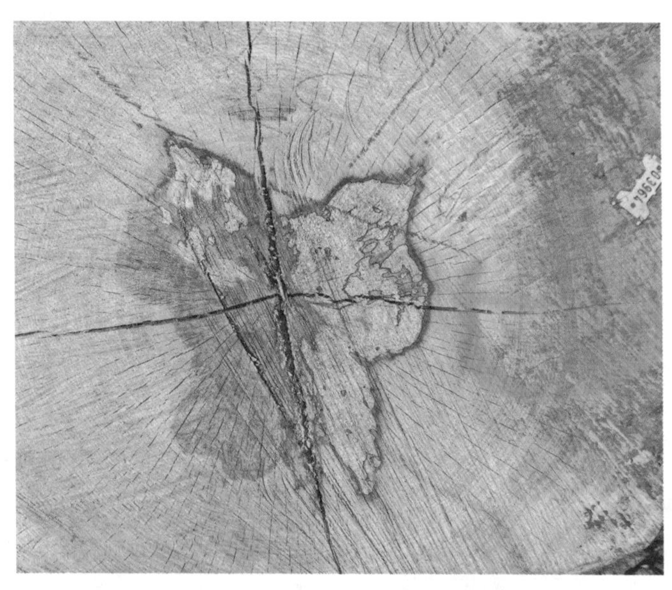

一旦木材运到公路边，就可以用卡车装运走。为了让司机能准确找到木材，它们被喷上漆作为标记。而整根原木往往都有编号，以便在买卖双方发生纠纷时追溯。

野生动物的恐惧

为什么我们在非洲或北美的国家公园里看到那么多野生动物？为什么在那里它们对人类毫无恐惧？是因为打猎，在这些保护区内是禁止狩猎的，所以斑马、大象或狮子都不把人类当作“捕食者”。在德国情况完全不同：野外几乎都被划分成不同狩猎场，约有40万名来自德语国家的狩猎执照持有人在这里活动。所以林中很多地方都设有瞭望点，即使在黄昏时分也可以从这里猎杀动物。

从瞭望点望出去，开阔地带尽收眼底，因此狍子和鹿为了逃离危险，白天只敢待在密林中。毕竟它们很清楚，人类在密林中什么都看不到。这一点也适用于夜晚。那么大型哺乳动物就敢出来了？与普遍想法相反，野猪、狍子和鹿并不是天生的夜行动物，它们需要在白天定时进食。

对野生动物来说，瞭望点是可怕的东西，人类总是从这里朝它们射击。因此它们尽可能避免出现在瞭望点的周边，至少成年且熟悉地形的动物是这样。

光照下翠绿的草原对它们来说太危险了，因此野猪、狍子等大型哺乳动物会吃掉森林里所有它们能获得的东西。特别是狍子，在寒冷的季节它们喜欢吃落叶树幼树的嫩芽，每天吃掉的嫩芽多达10000个。被破坏的树即便存活下来，也只能终身奇形怪状地生长。

这本不是什么大事，因为在原始森林里，每平方千米仅有一两只狍子，而面对的是千千万万的幼苗。然而在商品林中，由于投食玉米和干草，鹿的数量增加了50倍。人们通常以“基隆”的方式投食，即以少量粮食作为诱饵猎杀动物。

典型的被狍子啃食的痕迹：嫩芽被薅掉，而不是被啃掉，因为它的门牙只生于下颚。

这是一种诱饵（名为“基隆”），用它能安静地猎杀野猪。然而，在长达几个月的时间里，平均一头野猪会被投放100多千克玉米。这足以让它们在猪舍里完全吃饱。这种做法无异于在森林中饲养家畜。

但事实上，野生动物已被过度喂养，它们毫不费力地大量繁殖。狼、猞猁等天敌已被大面积消灭，即便当它们再次出现，大部分也沦为非法猎杀的牺牲品。在狩猎界，猎杀它们被认为是保护其他野生动物种群的行为。

鹿的门牙也只生于下颚。它们用门牙从下向上撕下所有树种的树皮（该动作被称作“刮皮”）。随后树干开始腐烂，而变得毫无经济价值。这类树木往往很早就被伐掉，因此无法形成老林。

把林地翻搅得一团糟，就是我们所说的“破坏”。野猪几乎能嗅到每一颗山毛榉种子和橡子的味道。因此，它们遏制了落叶树的繁衍，并间接促进了针叶树的生长，因为针叶树可以在没有竞争的环境下肆意生长。

投食并不是为了保护动物，否则狼等其他物种也应得到相同待遇。然而草料架和食槽只为那些最终会成为出现在家中客厅的战利品而设。其中，马鹿过度繁殖所造成的问题尤其突出：它们原本是草原动物，生活在河流草甸或树线附近的高海拔山区。被狩猎活动驱赶到森林后，白天饿得咬牙切齿，只能通过撕咬树皮来抵抗饥饿。树皮虽没有草的味道好，但至少能填饱肚子。最终树木腐烂，然后在某个冬日的暴风雨中断裂。那野猪呢？怎么能不提它呢，这是一种被猎人过度喂养而过度繁殖的物种。其数量之多，已经扰乱了森林的发展。然而，这

小泥水塘（Suhle）通常是指被破坏的水源或湿地等小型生态环境，在这种混浊的水塘中，几乎没有任何生物存在。

里的灾难开始得更早。为了不被动物掠食，山毛榉树和栎树每隔4～5年才繁殖一次（没有哪种动物可以等那么久而不会饿死）。当它们最终结出果实时，其数量之多，足可以保证数百万颗种子不受干扰地发芽。或许是这样的。但过度喂养使野猪数量长期保持在较高的水平，这意味着99%的山毛榉种子和橡子会被野猪发现并吃掉。

野猪在这棵所谓的“磨皮树”（Mahl baum）上蹭来蹭去。如果仔细观察，就会发现，在剧烈摩擦中野猪毛粘在了树上，这无疑暴露了罪魁祸首。

我们去很多森林里寻找落叶树幼树，最后都徒劳而返，因为很少有能在春天见到阳光的树苗，它们都被鹿吃掉了。野猪常受到皮肤寄生虫的困扰，为了摆脱寄生虫，它们喜欢在泥浆中打滚。这种情况也会出现在森林中的小水塘中，森林中的很多小水塘都因动物们的疯狂沐浴被搅浑了。

在此过程中，这些敏感的小型生态环境被破坏了。比如罕见的小豆螺——上个冰河时代的遗留物，从曾经的冰川径流中存活下来，在清凉的小型生态环境中定居。然而如今这里变成了一个泥潭，它们就无法生存下去。

野猪等身上的泥浆干了，就去树上蹭。反复在同一棵树上蹭，直到这棵树树皮被蹭掉露出木质。

这样的做法会损伤树木，但通常在这种情况下，只有少数几棵树被破坏。

由于防治狂犬病，狐狸的数量得到控制，但如今其他疾病取而代之，不断传播。狐狸绦虫就是其中之一，虽然这几乎不会对人类产生多大伤害。

危险的野外

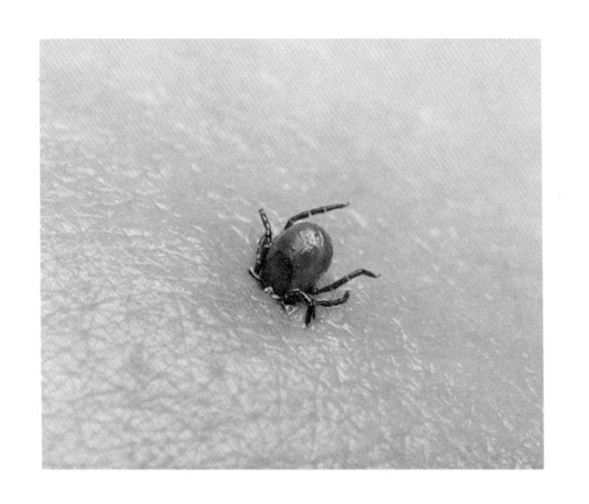

如果在24小时内清除蜱虫，通常不会发生感染。如果超过这个时间就应就医，并做血液检查。

中欧的森林已经变得无害。我们几乎不会在其中迷路，因为几十万千米的小路贯穿其中。现在也已经没有什么凶恶的劫匪了，少数路过的掠食性动物对人类的惧怕远甚于人类对它们。如今我们该如何应对森林中的危险呢？其重点在于一些小问题。狐狸绦虫或许是其中之一？这种寄生虫生活在狐狸的肠道中，绦虫卵随狐狸粪便排出。这些细如尘埃的小颗粒被小鼠摄入体内，小鼠便会携带病原体，它们也因此更易被狐狸捕获，如此恶性循环。

如果人类在无意中摄入绦虫卵，也会被严重感染。为了安全起见，现在大多数森林游客已经不再吃野生草莓和蓝莓。但感染的风险究竟有多高？我们不会直接接触到狐狸的皮毛和排泄物，通过浆果摄入虫卵的可能性比中彩票还要低。更大的风险在于我们饲养的宠物。狗吃了被感染的老鼠之后，也会排泄出虫卵。在这种情况下，儿童的感染速度会更快，感染后可通过定期进行驱虫治疗减轻症状。所以，不要害怕森林里的浆果！

蜱虫就不同了。由于狍子等动物的繁殖力强，这种寄生虫得以迅速传播。它往往携带着一种细菌，即莱姆病病原体。蜱虫通过叮咬将细菌注入受害者体内。很多情况下，被叮咬处会出现所谓的“游走性红斑”（Wanderröte），即可扩散的大红斑。感染莱姆病后须就医，随后进行抗生素治疗，因为它是一种危险的疾病，病菌会扩散到神经系统、关节和心脏，并导致永久性损伤。即使没出现“游走性红斑”，也不一定就没有感染，莱姆病也会暗中发作。如有疑问，可通过血液检

在林间小道上做运动，只要不太过安静，就不违背动物保护的原则。

查确认是否感染。在经过灌木丛或草丛后，我们应该在旁边的林间小道上停下来检查腿的前半部分。95%的蜱虫会落在这里，这样我们就可以提前把它们清除。如果它们还是钻进了我们的皮肤，应该把它直接向上拉出来。注意不要挤压其腹部，否则蜱虫在临死前会将带有病菌的唾液释放到伤口中。镊子或特制的钳子对此很有帮助，在药店可以买到。 目前我们还无法接种莱姆病疫苗，但可以接种TBE（初夏脑膜炎）疫苗。这是一种由蜱虫传播的病毒性疾病。然而，由于它比莱姆病罕见得多，所以只建议风险群体（猎人、林务员）或在风险地区停留较久时接种。

那反过来，野生动物在面对徒步者和采蘑菇的人时的感觉如何？前文我们已经讲过，狩猎引发了狍子等动物对人类的恐惧。但是，孩子们在森林里吵吵闹闹地玩着捉迷藏，健行者在小路上急行，或者登山俱乐部成员嘴里唱着歌儿行进，这些难道不会引发动物的应激反应吗？

救护车将开往救援点进行救援，如果救援点距离事故现场还有一段距离，则由医务人员抬担架前往。

答案很简单：对野生动物来说，发出噪声的东西都是无害的，安静的东西反而让它们恐惧。军事训练场上坦克射击时的情形就是很好的例子（如果被允许进入的话）。宁静的大型鹿群就在那里吃草，对引爆装置毫无所知。造成这种矛盾行为的原因就在于，动物们的天敌和人类猎人都是悄然行动。他们也必须如此，以防打草惊蛇。而那些制造噪声的人，则不狩猎，动物们很容易得知其所在位置。一家人一边聊天一边从A地走到B地，这是狍子和鹿可以预见的事情。根据经验，它们也知道，大多数森林游客都会坚持走小路，因此它们常常卧坐在离游客仅几米远的灌木丛中。采蘑菇的人与猎人发出的声音相似。他们在灌木丛中悄无声息地移动，在这里发出咔嚓一声，在那里轻轻地清嗓子。为了安全起见，野生动物们都退得远远的。彻底的恐慌是由山地自行车手造成的，他们在远离小路的树林中飘移。直到在最后一刻，动物才发现他们，只能惊恐地四散奔逃。

如今要是有人在森林里发生意外，可立即得到帮助。森林中每隔一段距离就设有救援点，其位置用牌子标记出来。向控制中心报出印在牌子上的号码，救援人员就能利用地图和GPS找到准确的事发地点。

远离人行路线的山地自行车会引起野生动物的恐慌，它们往往认为自己正在遭受掠食者的攻击。

性格问题

山毛榉幼树的树龄可以数出来。每一年长出嫩枝后，都会在树枝表皮上形成节环，为萌发嫩叶做准备。我们可以通过数枝节来得知幼树树龄。

让我们再回到森林的主角——树。它们不是生物机器人，也不是生产木材的机器，然而在原材料短缺和生物能源需求增加的情况下，它们正日益退化为这样的角色。如果我们仔细观察，就会发现它们也是有知觉的生命，也有着自己追求的目标。首先，其目标之一是繁衍后代。幼树有时要在大树庇护下耐心等待100多年，才能获得光照和成长的机会（当旁边的一棵老树枯竭时）。大树的树冠只允许约3%的阳光到达地面。幼树不至于死亡，但也无法生长。为了维持其生命，大树通过根部向其输送糖分。幼树的等待仅反映在极短的枝节上。

缓慢的增长有很强的“教育”作用。原始森林中，数百棵树苗往往近距离生长，它们仿佛在幼儿园里。然而只有长势好的树苗才能生存。离经叛道的树苗旁生侧枝，树干因此长得弯弯曲曲，这种树很快就会死亡。而其他高度增长更快的树木，在上面截获了所有光线。几十年后，就只剩下几棵“青年树”了，它们拥有最好的生存条件。它们的木纤维从下到上均匀地伸展，穿过树干。在强风暴中，它们不像弯曲的树木那样容易折断；弯曲的树干由于曲线多，木材中存在过多的张力。因此被淘汰的树木往往是因为教育得不好！

尽管经过了严格的管教，成年树木依然各有特点。从落叶便能明显看出它们各自的性格，尤其是在山毛榉树中。落叶树与它的“太阳能电池”分开，以此减弱冬天的风暴对树木的伤害。然而，它只能赶在第一次强霜降下之前形成分离层，主动把叶子和树体分离，随后直到春天树木都处于非活跃状态，也就是说它将进入类似冬眠的状态。第一次霜降到底什么时候到来呢？树也不知道答案。谨慎的树木让叶子在十月初变黄，随后树叶飘落，有备无患！反之，一些大胆的树木则利用阳光明媚的十月——一年中最后的温暖的日子，为来年春天存储更多糖分。但它们有时失了分寸，突然遭遇霜冻。此后在整个冬天，棕色的叶子都挂在树上。由于其自负的行为，它们不得不承担被风暴刮倒的风险。

大树通过减少光照来管教后代，在缓慢生长中幼树形成笔直的树干。未经“训练”的树木，生长快，却木质歪斜，更容易折断，离经叛道的树往往要以生命为代价。

秋天的两棵山毛榉树。它们对待风险的态度迥异：左边的树已经预先开始为过冬做准备，掉光树叶；而右边的还在继续吸收阳光存储能量。

春天，游戏反其道而行：胆大的先发芽（即使迟到的强霜可能还会来破坏新绿），谨慎的宁愿再等两周。这种甘于冒险的精神还体现在侧枝上。作为一棵正统的原始森林中的树，树冠以下不能有枝条。青春期萌发的纤细侧枝早因缺乏光照而脱落，伤口被健康的木质覆盖，树皮呈现出光滑的状态。也有些树固执地认为还能利用剩下的3%的光照，光照到地面也是浪费。为此，它们从树皮上沉睡的树眼里重新长出枝条，并用叶子填满它们。这是很危险的：如果哪天这些嫩枝再次枯死，就会在枯枝断裂的地方留下一个坑。树木必须在这里重新长出组织，以填补这个坑。根据枝条的粗细程度，这需要花上好几年时间。如果枝条直径超过3厘米，真菌渗入树干的速度会超过树体闭合的速度。多年后，树干内部会慢慢腐烂，直到它最后被一场风暴吹折。

但有时侧枝是在不得已的情况下形成的。在山毛榉和栎树的混交林中，山毛榉会遏制后者的生长，渗入其根系。同时在树冠的顶端，山毛榉宽大的叶子移动到需要光照的栎树枝条上方，遮挡住阳光，阻止它们进行光合作用。栎树因害怕死亡，在树干上长出“恐惧分枝”。当顶部的阳光被完全遮挡时，它们试图在底部抢夺一些阳光。这当然是不可行的，因为这里更黑暗。但在慌乱中，一棵树也会做出一些无厘头的事情。

这棵山毛榉特别顽固：它不断地在树干上长出新的枝条，由于缺乏光照，枝条在短时间后又会死亡。而它非但没有就此罢休，反而一次次重复游戏。几十年来，在萌芽处形成厚厚的疙瘩。由此能看出这条“座头鲸 ”的顽固。

树冠顶端枝条枯萎是大型树木的报警信号。树冠顶端是最有生命力的地带，树的高度每年都在这里增长。如果原始森林中的树木失去了同类邻树，其脆弱的根系网络就会被破坏。同类树木往往通过根系进行信息交流，并在发生病害时用糖分相互支持，降低伤害。疏伐活动越残酷，邻树被采伐后，树木在阳光和雨水中显得越孤独，就病得越快。先是从顶端的细枝开始干枯，随后整枝断裂，树体萎缩。机械在地面上驶过，加速了这一过程。树木的“脚”被碾压后，生命力再次削弱。“森林毁灭”是专家的说法，并将其归咎于工业和交通。而事实上“林业”通常是真正的罪恶之源，而这一点常常被掩盖。

处于死亡恐惧中的栎树在树干上长出“恐惧分枝”，作为最后的尝试，但这并没有用。邻树阻断了光线，导致它死亡。这样的死亡挣扎往往会持续很多年。

上图是一棵健康的老山毛榉，下图是一棵染病的老山毛榉。除了森林毁灭以外，林务员还常常谈及“超龄”树木，据说这是树木枯亡的原因。然而，山毛榉和栎树的树龄可达200年，事实上它们往往只达到了自然寿命的一半。

中文名索引

拉丁名索引

M

N

O

P

Q

R

S